A ordem ambiental internacional

A ordem ambiental internacional

Wagner Costa Ribeiro

Copyright© 2001 Wagner Costa Ribeiro
Todos os direitos desta edição reservados à
Editora Contexto (Editora Pinsky Ltda.)

Preparação de originais
Camila Kintzel

Revisão
Mayara Cristina Zucheli
Vera Quintanilha

Projeto de capa
Antonio Kehl

Diagramação
Gustavo S. Vilas Boas
José Luis Guijarro

Dados Internacionais de Catalogação na Publicação (CIP)
(Câmara Brasileira do Livro, SP, Brasil)

Ribeiro, Wagner Costa.
A ordem ambiental internacional. Wagner Costa Ribeiro. –
3. ed., 1ª reimpressão – São Paulo : Contexto, 2025.

Bibliografia
ISBN 978-85-7244-186-5

1. Geografia política 2. Geopolítica 3. Política mundial
4. Relações internacionais I. Título.

00-3405   CDD-327.101

Índices para catálogo sistemático:
1. Geopolítica: Relações internacionais:
Ciência política   327.101
2. Relações de poder: Relações internacionais:
Ciência política   327.101

2025

Editora Contexto
Diretor editorial: *Jaime Pinsky*

Rua Dr. José Elias, 520 – Alto da Lapa
05083-030 – São Paulo – SP
PABX: (11) 3832 5838
contato@editoracontexto.com.br
www.editoracontexto.com.br

Proibida a reprodução total ou parcial.
Os infratores serão processados na forma da lei.

SUMÁRIO

INTRODUÇÃO   11

A TRADIÇÃO E OS NOVOS PARADIGMAS   17

As ideias de Hans Morgenthau   18

Novos paradigmas?   28

PERIODIZAÇÃO E GEOGRAFIA   39

A história e a interpretação histórica   39

O lugar na história ou a história no lugar?   43

A periodização   46

A periodização deste trabalho   48

DOS PRIMEIROS TRATADOS
À CONFERÊNCIA DE ESTOCOLMO 53

Os primeiros acordos internacionais 54

O Tratado Antártico 55

A emergência da temática ambiental na ONU 58

A Unesco 61

A CONFERÊNCIA DE ESTOCOLMO 73

A Conferência de Estocolmo 73

O Programa das Nações Unidas para o Meio Ambiente 82

DE ESTOCOLMO À RIO-92 93

A Convenção sobre Comércio Internacional de Espécies de Flora
e Fauna Selvagens em Perigo de Extinção 94

A Convenção sobre Poluição Transfronteiriça de Longo Alcance 95

A Convenção de Viena e o Protocolo de Montreal 97

A Convenção da Basileia sobre o Controle de Movimentos
Transfronteiriços de Resíduos Perigosos e seu Depósito 103

A CONFERÊNCIA DAS NAÇÕES UNIDAS
PARA O MEIO AMBIENTE E O DESENVOLVIMENTO 107

Segurança e desenvolvimento 109

As decisões na CNUMAD 117

A ORDEM AMBIENTAL INTERNACIONAL APÓS A CNUMAD 133

Outros organismos internacionais e o ambiente 133

As Conferências das Partes das Convenções da CNUMAD 135

A Conferência de Desertificação 141

CONSIDERAÇÕES FINAIS 145

BIBLIOGRAFIA 149

ANEXOS 157

Siglas utilizadas neste trabalho

AGB — Associação dos Geógrafos Brasileiros
AGI — Ano Geofísico Internacional
CB — Convenção sobre a Diversidade Biológica
CD — Conferência das Nações Unidas para Combater a Desertificação nos Países Seriamente Afetados pela Seca e/ou Desertificação, em especial na África
CMC — Convenção de Mudanças Climáticas
Cites — Convenção sobre Comércio Internacional de Espécies da Flora e Fauna Selvagens em Perigo de Extinção
CPT — Convenção sobre Poluição Transfronteiriça de Longo Alcance
CV — Convenção de Viena para a Proteção da Camada de Ozônio
Cepal — Comissão Econômica para a América Latina e o Caribe
CNUMAD — Conferência das Nações Unidas para o Meio Ambiente e o Desenvolvimento
CTR — Convenção da Basileia sobre o Controle de Movimentos Transfronteiriços de Resíduos Perigosos e seu Depósito
ECOSOC — Conselho Econômico Social das Nações Unidas – United Nations Economic and Social Council
FAO — Organização das Nações Unidas para a Alimentação e Agricultura – Food and Agriculture Organization
Fibongs — Fórum internacional das ONGs e Movimentos Sociais no âmbito do Fórum Global
Floram — Florestas para o Meio Ambiente
Gatt — Acordo Geral sobre Tarifas e Comércio
GEF — Global Environmental Facility – Fundo Mundial para o Meio Ambiente
Grid — Global Resource Information Database – Banco de Dados de Informações Sobre Recursos Globais
IBP — Programa Biológico Internacional - International Biological Programme
IPCC — Intergovernmental Panel on Climate Change
IUCN — União Internacional para Conservação da Natureza – International Union for Conservation of Nature and Natural Resources
IUPN — União Internacional para a Proteção da Natureza – International Union for the Protection of Nature
OCDE — Organização para a Cooperação Econômica e Desenvolvimento
OGM — Organismos Geneticamente Modificados
OIT — Organização Internacional do Trabalho – International Labour Organization
OMC — Organização Mundial do Comércio
OMS — Organização Mundial de Saúde – World Health Organization
ONG — Organização não governamental
ONU — Organização das Nações Unidas
PK — Protocolo de Kyoto
PNUMA — Programa das Nações Unidas para o Meio Ambiente – United Nations Environment Programme
PM — Protocolo de Montreal sobre Substâncias que Destroem a Camada de Ozônio em especial na África
Probio — Programa Estadual para a Conservação da Biodiversidade
SMGA — Sistema de Monitoramento Global do Ambiente
Unesco — Organização das Nações Unidas para a Educação, Ciência e Cultura – United Nations Educational, Scientific and Cultural Organization
Unicef — Fundo das Nações Unidas para a Infância
UNSCCUR — Conferência das Nações Unidas para a Conservação e Utilização dos Recursos
Wipo — Organização Mundial da Propriedade intelectual
WWF — Fundo Mundial para a Vida Selvagem – World Wildlife Found

AGRADECIMENTOS

Por maior que fosse, uma lista de nomes seria incompleta para indicar todos os que contribuíram para que alcançássemos este resultado.

Uma maneira de reparar alguns enganos é enviar agradecimentos gerais para as diversas instituições que tivemos contato ao longo dos anos. A primeira instituição é a escola pública, na qual me formei integralmente. Dentro dela, agradeço aos meus professores de maneira mais destacada.

O Departamento de Geografia, onde atuo desde 1983, ano em que ingressei como aluno de graduação e exerço, desde 1989, a função de docente, é outra instituição que não pode ser esquecida. Nessa casa aprendi muito mais do que a geografia da vida ou as teorias geográficas. Ela tem sido o abrigo de minhas inquietações e local privilegiado para o exercício da reflexão, contando com o apoio de alunos, de funcionários e de colegas docentes. Destaco, também, o apoio recebido dos Programas de Pós-Graduação em Geografia Humana e Física, que deram recursos para algumas etapas deste trabalho.

A universidade, apesar da crise, também merece ser lembrada. Neste caso, porém, apresento um recorte mais objetivo. Refiro-me aos alunos das disciplinas que ministrei ao longo desses anos e aos colegas docentes que pude conhecer nas lutas universitárias nos postos que tive a oportunidade de ocupar em órgãos colegiados. Dessas atividades surgiram muitas oportunidades de discussão de temas os mais diversos, o que enriqueceu nossa trajetória.

Por fim, mas ao contrário, em primeiro lugar, aos meus familiares que possibilitaram que meu esforço tivesse condições plenas de ser exercido.

Abandonando as instituições, listo aquelas pessoas que, cada uma à sua maneira, contribuíram diretamente para que este trabalho fosse concluído:

Alexandra Lopes, Katia Rubio, Leticia de Almeida Sampaio, Stephan Eikemans, Bonfim, Anna Paula Costa, Manoel Seabra, José William Vesentini, Célia Menin, Rosângela, Silvia Bellato e Ana Clara Carril Costa Ribeiro, minha filha, a quem dedico mais este trabalho.

INTRODUÇÃO

Pensar a organização dos países em escala internacional exerce um fascínio. A descoberta das intricadas vias do poder mundial permite uma série de incursões na reflexão sobre a existência humana. Afinal, trata-se com temas como a representação política e a delegação de poderes. Envolver poder com a temática ambiental é outro desafio fascinante. Essa articulação permite questionar as formas de vida adotadas, em especial pelas camadas dominantes da sociedade capitalista.

Vejamos alguns dos questionamentos que serão retomados ao longo desse texto, resultado de nossa tese de Doutoramento apresentada ao Programa de Pós-Graduação em Geografia Humana do Departamento de Geografia da Faculdade de Filosofia, Letras e Ciências Humanas da Universidade de São Paulo em dezembro de 1999. A consciência da escassez de recursos e da impossibilidade de prover a toda população mundial de bens materiais – segundo os padrões de consumo das camadas de renda média alta e alta – não é suficiente para mudar a atitude dos países em que a capacidade de consumo é maior. Assistir a uma mudança no modo de vida de populações dominantes no sistema internacional é uma utopia ou algo que será imposto pelas restrições que a base natural do planeta impõe? E se ela ocorrer? Seria entendida como uma capitulação por parte dos grupos dominantes ou como uma atitude humanitária? Estamos diante da possibilidade de estabelecer um sistema de gestão planetário adequado à gestão de recursos vitais à existência humana para perpetuar a reprodução da vida?

Essas perguntas fazem parte da ordem ambiental internacional. Nem todas poderão ser respondidas neste trabalho. Afinal, ela ainda está sendo construída, reunião após reunião, com os avanços e retrocessos normais na trajetória dos seres humanos.

O modelo de desenvolvimento adotado pelos países centrais e por parte dos países periféricos gerou impactos ambientais que se sobrepõem aos limites territoriais dos Estados. O sistema internacional não contava com mecanismos de regulação na área ambiental das relações entre seus integrantes. Problemas como o avanço da desertificação ou "invasão do deserto" – fenômeno que se caracteriza pelo aumento das regiões desérticas na Terra, diminuindo as áreas agricultáveis que teria como causa o desmatamento, associado a baixos índices pluviométricos e ao uso inadequado do solo –; o lançamento de gás carbônico (CO_2) na atmosfera – principalmente a partir da queima de combustíveis fósseis –; a chuva ácida – fruto da precipitação da água como chuva ou neve, que reage com os ácidos nítrico e sulfúrico, alcançando rios, lagos e oceanos afetando a reprodução da fauna ou atingindo o solo, impedindo o crescimento dos vegetais –; o aumento das áreas com uso intensivo de agrotóxicos e fertilizantes – acarretando em dois problemas ambientais: a poluição do solo pela penetração dos agrotóxicos e a emissão de metano (CH_4) na atmosfera, o que contribui para o aumento do efeito estufa e aquecimento do planeta –, entre outros exemplos, repercutem não apenas no local onde ocorrem. Eles ultrapassam os limites territoriais das unidades políticas sem respeitar os limites elaborados pela geografia e pela história dos lugares e de quem os habitam. Foi preciso criar normas de conduta para evitar a degradação da vida. A ordem ambiental internacional é uma resposta a essa necessidade[1].

Esses questionamentos nos motivaram a analisar as relações internacionais envolvendo a temática ambiental. Mas não foram apenas eles.

A intenção de acompanhar a configuração da ordem ambiental internacional começou a partir da nossa participação como representantes da Associação dos Geógrafos Brasileiros – AGB – no Fórum Brasileiro de Organizações Não Governamentais Preparatório para a Conferência das Nações Unidas para o Meio Ambiente e Desenvolvimento. Durante as reuniões que antecederam a Conferência das Nações Unidas para o Meio Ambiente e Desenvolvimento (CNUMAD, popularmente chamada de Rio-92 ou Eco-92 no Brasil), surgiram as primeiras inquietações a respeito do tema.

A extensa pauta de preocupações do Fórum das ONGs não correspondia aos pontos a serem trabalhados no evento do Rio. Inicialmente, tentamos entender as razões que definiram a pauta da CNUMAD: mudanças climáticas, proteção à diversidade biológica e às florestas e definição de um plano de ação voltado à implantação de medidas que minimizassem a degradação ambiental, conhecido como *Agenda XXI*.

Quando fomos indicados para compor a delegação de representantes do Fórum das ONGs brasileiras na CNUMAD, tivemos a oportunidade de acompanhar os debates ainda mais de perto. Não encontramos, porém, nenhuma explicação plausível que justificasse a escolha daqueles assuntos. Tivemos, no entanto, contato com representantes de ONGs de vários países e iniciamos uma reflexão sobre a temática ambiental e as relações internacionais. Nossa primeira inquietação surgiu ainda durante as reuniões preparatórias do Fórum das ONGs: nos questionávamos sobre as razões que levavam o estabelecimento de normas regularizar as relações entre Estados. Dessa primeira questão várias outras surgiram. Parte delas são discutidas neste trabalho: como a ameaça à segurança ambiental global, a capacidade dos ambientes naturais em sustentar a atividade econômica atual e o limite posto à reprodução da vida diante de problemas gerados pela degradação ambiental – como os provenientes da emissão de gases na atmosfera.

Apesar da relevância das questões, em nosso entendimento o principal desafio que motiva a compreensão da ordem ambiental internacional surge da necessidade em estabelecer uma medida que permita a reprodução da vida no planeta, a vida em seu sentido plural, fruto do que cada agrupamento humano construiu ao longo da sua existência. A expressão da moda que canaliza essa discussão é o "desenvolvimento sustentável", que será discutido no capítulo "A Conferência das Nações Unidas para o Meio Ambiente e o Desenvolvimento".

A prática docente no ensino superior também motivou o estudo da ordem ambiental internacional. Duas disciplinas que ministramos no Departamento de Geografia da Faculdade de Filosofia, Letras e Ciências Humanas da USP combinam-se neste trabalho. A primeira delas é *Geografia dos recursos naturais*, na qual discutimos as diversas visões de natureza de agrupamentos humanos, o movimento ambientalista, o impacto das novas tecnologias para os países detentores de recursos naturais, a escassez de recursos hídricos, entre outros temas. Na outra disciplina, *Regionalização do espaço mundial*, nossa reflexão voltou-se para uma abordagem da dinâmica mundial, seja do ponto de vista político, econômico, militar e ambiental, envolvendo os diversos atores como as unidades políticas, as empresas transnacionais e a sociedade civil. Esta situação expõe, em nosso entender, a impossibilidade de separar ensino e pesquisa.

No percurso que fizemos – da situação de delegado das ONGs brasileiras até a elaboração final deste trabalho – tomamos contato com diversos autores, em especial na disciplina *Análise das relações internacionais*, ministrada pelo Professor Doutor Leonel Mello. Entre as diversas opções apresentadas, que não estão reproduzidas neste trabalho, fizemos a escolha pelas ideias de Hans Morgenthau (1973). A afirmação da tradição do realismo não foi integral. Apesar de haver uma predominância do realismo político nas rodadas da ordem ambiental internacional, houve momentos em que a teoria da interdependência, proposta por Nye e Keohane (1973), foi a fonte das explicações.

No capítulo "A tradição e os novos paradigmas", retomamos as ideias de Morgenthau para apresentar o realismo político e apontamos suas influências. Aproveitamos também para introduzir uma reflexão sobre as concepções de geografia e de geopolítica do pensador alemão. Acreditamos ser relevante, para posicionar o leitor, apresentar um balanço da discussão envolvendo os cientistas sociais e a temática ambiental. Veremos que tem crescido a produção de autores deste campo do saber voltada para as discussões que envolvem o ambiente. Com o mesmo objetivo anterior, comentamos as posições de vários geógrafos brasileiros sobre a relação cultura-natureza.

Ainda no primeiro capítulo, o leitor encontrará nosso principal argumento: a ordem ambiental tem de ser entendida como um subsistema – em construção – do sistema internacional, como postula Aron (1986), no qual os Estados atuam segundo seus interesses nacionais e procuram salvaguardar sua soberania dentro da tradição do realismo político. Porém, um realismo sem armas, como demonstraremos. Além disso, ela é muito complexa para que apenas uma teoria possa explicar todas as suas rodadas. Assim, argumentamos pela necessidade de se estudar cada caso da ordem ambiental internacional, como fizemos neste trabalho.

No capítulo "A periodização e a Geografia", apresentaremos a periodização deste trabalho. O ato de periodizar significa estabelecer intervalos temporais artificiais para facilitar a compreensão de processos pretéritos. No caso da geografia, a importância reside na identificação de espaços produzidos ao longo do tempo, indicando os projetos que ganharam materialidade a partir do trabalho.

A periodização adotada indica a seguinte organização: dos primeiros tratados internacionais até o final da Segunda Guerra Mundial, época do predomínio das grandes potências imperialistas, a época da Guerra Fria, que abarca tratados como os referentes à Antártida e à Conferência de Estocolmo, e o período pós-Guerra Fria, desde a década de 1990.

A periodização acima está disposta nos capítulos posteriores; assim, no capítulo "Dos primeiros tratados à Conferência de Estocolmo", veremos acordos internacionais resultantes de reuniões internacionais realizadas durante o predomínio das potências imperialistas, como os que procuravam controlar a matança de animais na África; o Tratado Antártico, já inserido no contexto da Guerra Fria e as primeiras reuniões internacionais sobre o ambiente promovidas pela Organização das Nações Unidas (ONU)[2]. Ao comentar as resoluções da Conferência da Biosfera, vamos destacar a concepção de natureza que permanecerá nas resoluções seguintes da ordem ambiental internacional.

No capítulo "A Conferência de Estocolmo", será enfocada a Conferência sobre Meio Ambiente Humano, que ocorreu na capital sueca em 1972 e foi a primeira grande referência da ordem ambiental internacional. A partir desse capítulo, nosso procedimento será o de apresentar os problemas em discussão e a posição das unidades políticas que se destacaram nas negociações, quando for o caso. Tal procedimento levou-nos a analisar as ideias difundidas pelo Clube de Roma, como o crescimento zero. Também será discutida a tentativa de regulação da emissão de poluentes na atmosfera. Em seguida, traremos uma análise do Programa das Nações Unidas para o Meio Ambiente – PNUMA.

No capítulo "De Estocolmo à Rio-92", será enfatizada a participação do PNUMA na organização de reuniões internacionais sobre o ambiente. Nesse capítulo, serão apresentadas algumas rodadas da ordem ambiental internacional, como a Convenção sobre Comércio Internacional de Espécies da Flora e Fauna Selvagens em Perigo de Extinção – Cites, a Convenção sobre Poluição Transfronteiriça de Longo Alcance (CPT); a Convenção de Viena para a Proteção da Camada de Ozônio (CV) e a Convenção da Basileia sobre o Controle de Movimentos Transfronteiriços de Resíduos Perigosos e seu Depósito (CTR). Elas foram realizadas após um aumento do conhecimento científico sobre os problemas ambientais e da divulgação de situações de risco à espécie humana – como o desaparecimento da camada de ozônio.

No capítulo "A Conferência das Nações Unidas para o Meio Ambiente e Desenvolvimento", será destacada a CNUMAD e as decisões que foram tomadas no Rio de Janeiro em 1992. Além disso, serão discutidos dois conceitos fundamentais para a ordem ambiental internacional: desenvolvimento sustentável e segurança ambiental global. O primeiro ganha destaque a partir do relatório *Nosso futuro comum*, divulgado em 1988. Porém, sua história inicia-se antes, como veremos. A relevância de tratar deste tema reside em seu uso indiscriminado por políticos, ambientalistas, empresários, entre outros, que tentam defini-lo de acordo com seus interesses. A discussão deste conceito possibilita pensar as limitações que são impostas pela base natural para os avanços do capitalismo, ao mesmo tempo em que permite uma reflexão sobre o modo de vida hegemônico, praticado por apenas um quarto da humanidade, mas responsável pela grande degradação ambiental que assistimos em nosso planeta. O outro conceito possibilita um tipo de reflexão diverso: estaríamos indo em direção ao esgotamento das condições necessárias à reprodução da vida humana na Terra? Esta é a pergunta central que permeia nossa discussão sobre a segurança ambiental global.

A leitura do capítulo "A ordem ambiental internacional após a CNUMAD" possibilitará o acompanhamento dos desdobramentos da Rio-92. Serão apresentadas as Conferências das Partes (reunião dos países participantes das conferências) referentes às Convenções acordadas na CNUMAD, com destaque para o Protocolo de Kyoto (PK) que promoveu um importante ajuste na ordem ambiental internacional ao propor a redução da emissão de gases estufa para os países desenvolvidos em 5,2% em média para o período que vai de 2008 a 2012. Outro destaque é a incorporação da temática ambiental por outros organismos internacionais, como a Organização Mundial do Comércio (OMC).

NOTAS

[1] O conceito de ordem é empregado neste trabalho como medida de regulação da ação humana, como uma norma que estabelece limites para a intervenção. Por se tratar de uma ordem ambiental internacional, estende-se como aquela que é elaborada para restringir a ação humana no ambiente, seja ele natural ou não, a nível mundial. Do mesmo modo que se afirma uma ordem ambiental, é possível afirmar várias outras ordens internacionais, como a econômica, a financeira, a militar etc., como fizemos em outro trabalho (Ribeiro, 2000).

[2] No anexo 1, o leitor encontrará uma lista dos tratados internacionais sobre o ambiente.

A TRADIÇÃO E OS NOVOS PARADIGMAS

Apresentaremos, a seguir, uma análise das ideias de Hans Morgenthau, pensador alemão que migrou para os Estados Unidos durante a Segunda Guerra Mundial devido à perseguição religiosa e cujas ideias influenciaram grande parte das teorias sobre as relações internacionais que se seguiram. Vamos comentar as matrizes de Nicolau Maquiavel e Thomas Hobbes presentes em seu pensamento, os quais foram vitais para o desenvolvimento do realismo político, tema este que também será apresentado.

Vamos ainda construir uma introdução à tradição geográfica, discorrendo sobre os que formularam os princípios da geografia política e da geopolítica a partir de indicações da obra de Morgenthau. Destacamos dois autores: Friedrich Ratzel, geógrafo alemão que marcou a obra de seu conterrâneo; e Halford Mackinder, geógrafo inglês com quem o realista alemão estabeleceu um diálogo em seu principal livro. A partir das postulações desses autores, trataremos a geopolítica como um saber autônomo da geografia, apresentando seus principais formuladores, como os geógrafos citados; o sueco Rudolf Kjéllen, professor universitário e jurista; Alfred Mahan, Almirante da Marinha dos Estados Unidos; Isaiah Bowman, geógrafo também dos Estados Unidos que se envolveu em discussões como as que visavam preparar a Conferência da Paz, ao final da Primeira Guerra Mundial; e o geógrafo e militar alemão Karl Haushofer.

Em seguida, apresentamos o debate envolvendo a produção em ciências sociais e o ambiente e as interpretações contemporâneas do sistema internacional, discutindo sua capacidade explicativa da ordem ambiental internacional.

AS IDEIAS DE HANS MORGENTHAU

Morgenthau foi o principal responsável pela afirmação do realismo político entre as teorias de interpretação das relações internacionais. Baseado na afirmação do poder como premissa fundamental da ação dos Estados e na salvaguarda da soberania, o autor alemão construiu em sua obra principal – *Politics among nations* (1948) – uma matriz que ainda pode ser empregada para a compreensão atual dos problemas envolvendo países. Outra premissa destacada por Morgenthau é o interesse nacional, como veremos.

O realismo político

Para Morgenthau, o realismo político pode ser sintetizado em seis princípios, reproduzidos a seguir:

1. O realismo político é governado por leis objetivas que têm raízes na natureza humana. [...]
2. O conceito de interesse, definido em termos de poder, é o principal elemento nas análises do realismo político. [...]
3. O realismo admite que *a ideia de interesse é realmente a essência da política e que não é afetada pelas circunstâncias de tempo e de lugar.* [...]
4. O realismo político está atento ao significado moral da ação política. [...]
5. O realismo político recusa identificar as aspirações morais de uma nação particular como uma lei moral que governa o universo. [...]
6. As diferenças entre o realismo político e outras escolas de pensamento são reais e profundas. Entretanto, muitas teorias do realismo político têm sido mal interpretadas e mal entendidas. Isso não deve ser contraditório com sua distinção intelectual e atitude moral em matéria de política. (Morgenthau, 1973: 4-5-8-10-11).

A afirmação que destacamos acima é, em nosso entendimento, a maior contribuição de Morgenthau aos estudos contemporâneos que buscam o entendimento da ordem ambiental internacional. Para cada documento acordado foram realizadas inúmeras reuniões até que se acomodassem as diferenças entre as Partes. Apesar disso, em alguns casos, os governos não assinaram os documentos ou não o ratificaram, sempre salvaguardando o interesse nacional, que para Morgenthau é o objetivo da política internacional, que deve ser sustentada pelo poder militar (Morgenthau, 1973: 542).

Outra premissa importante destacada pelo autor alemão é o conceito de soberania, tema que mereceu um capítulo em sua obra principal.

Para Morgenthau a soberania "é a autoridade suprema de uma nação [...] que independe da autoridade de qualquer outra nação e igualmente de leis internacionais (Morgenthau, 1973). Mais que isso, para o autor ela é indivisível (Morgenthau, 1973: 315). Esse entendimento permite apontar que um dos objetivos do interesse nacional é justamente manter a soberania, apesar de o contrário ser amplamente divulgado em tempos de ideologias globalizantes. Na ordem ambiental internacional, a soberania está salvaguardada na maior parte dos documentos. Podemos buscar as premissas das ideias de Morgenthau em dois clássicos do pensamento político: Maquiavel e Hobbes. O primeiro destaca a abordagem da moral como submetida ao interesse particular:

> é necessário a um príncipe, para se manter, que aprenda a poder ser mau e que se valha ou deixe de valer-se disso segundo a necessidade.
> [...] Quanto seja louvável a um príncipe manter a fé e viver com integridade, não com astúcia, todos o compreendem: houve príncipes que fizeram grandes coisas, mas em pouca conta tiveram a palavra dada, e souberam, pela astúcia, transtornar a cabeça dos homens, superando, enfim, os que foram leais (Maquiavel, 1973: 69-80).

Essa flexibilidade, que para Maquiavel deve estar na base da conduta do príncipe, inaugura a separação entre moral e política. E a instalação da atitude laica diante de uma tradição até então cristã e embasada na verdade divina, veiculada como transcendente e que vai além dos interesses mundanos.

Maquiavel propõe uma moral imanente, permeável aos interesses do príncipe. Se ele for um tirano, suas atitudes o levarão à tirania e a considerar apenas seus interesses, sobrepondo-os aos de seus súditos. Porém, ao contrário, se ele atuar buscando o bem comum, a ruptura das convicções do príncipe ou até mesmo a ruptura de acordos internacionais passa a ser vista como uma demonstração de que *a virtú* predomina sobre *a fortuna,* isto é, a astúcia vence o inusitado.

A concepção de moral do autor florentino é amplamente debatida. O sociólogo Skinner (1988) localiza a obra de Maquiavel na filosofia clássica e renascentista, apontando-o como humanista, mas considerando que existiam elementos em sua moral que se contrapunham àquela concepção. Para Mounin (1984), a moral "foi o que tornou Maquiavel imortal". Pode-se dizer que a partir de Maquiavel a frase "Os fins justificam os meios" passou a ter grande efeito. O autor em questão acreditava que intrínseco à *virtú* do príncipe estava o fato de saber o que era bom para o povo e o que era bom para si, com o objetivo de conquistar e/ou manter o poder. Isso permite a Sabine propor um "[...] padrão duplo de moral, um para o governante e o outro para o cidadão privado" (Sabine, 1964: 334).

Outro importante comentarista da obra de Maquiavel é o filósofo Gramsci (1980). Este, porém, aponta o partido como elemento que conduziria o povo ao poder. Numa das poucas interpretações que poupa o pensador florentino de acusações, ele afirma que:

> Maquiavel propôs-se a educar o povo [...] torná-lo convencido e consciente de que pode existir uma política, a *realista*, para alcançar o objetivo desejado e que, portanto, é preciso unir-se em torno e obedecer àquele príncipe que emprega tais métodos para alcançar o objetivo, pois só quem almeja um fim procura os meios idôneos para alcançá-los (Gramsci, 1980: 132) (grifo nosso).

Lefort (1980), por sua vez, ao comentar as ideias de Gramsci sobre Maquiavel afirma que ele "se propõe a determinar a função da obra de Maquiavel numa época e numa sociedade dadas" (Lefort, 1980: 6-15).

Para Lefort, "pode-se julgar a obra maquiaveliana como uma prefiguração do marxismo" (Lefort, 1980: 12).

Diríamos que a nova moralidade proposta por Maquiavel baseia-se na lógica da necessidade. Considerando as circunstâncias, o príncipe deve agir a fim de fazer valer as letras acordadas – no caso de uma conquista ou vitória em um organismo internacional – ou simplesmente desconsiderá-las, como ilustram várias situações atuais. O imperativo, entretanto, é a luta pelo poder e por seus interesses.

Hobbes, por sua vez, parte do imaginário do medo, pois o poder natural dos seres humanos dotam-nos de um potencial igualitário que pode vir a ser exercido de "todos contra todos". É necessário, então, construir uma ordem superior que regule as ações humanas a fim de evitar a instalação da barbárie.

O poder natural expressa-se por meio de virtudes naturais, que são assim definidas pelo pensador inglês:

> Quero referir-me àquele talento que se adquire apenas por meio da prática e da experiência, sem método, cultura ou instrução. Este talento natural consiste principalmente em duas coisas: celeridade da imaginação (isto é, rapidez na passagem de um pensamento a outro) e firmeza de direção para um fim escolhido (Hobbes, 1983: 43).

Esta determinação é exercida por meio do poder natural,

> [...] que é a eminência das faculdades do corpo ou do espírito; extraordinária força, beleza, prudência, capacidade, eloquência, liberalidade ou nobreza (Hobbes, 1983: 53).

Já os poderes instrumentais são

> [...] os que se adquire, como as riquezas, a reputação, os amigos e os secretos desígnios de Deus a que os homens chamam de boa sorte (Hobbes, 1983: 53).

O exercício do talento natural – imanente aos seres humanos – gera a possibilidade de conflito na busca da glória e do reconhecimento de seus pares. A insegurança, que emerge da desconfiança entre os seres humanos, surge justamente da competição que resulta da busca desse reconhecimento, pois todos podem vir a empregar as mesmas potencialidades e são conhecedores das virtudes dos demais, o que se configura como o "estado de guerra". Como solução deste problema e garantia da segurança entre as partes, Hobbes aponta que

> [...] o maior dos poderes humanos é aquele composto pelos poderes de vários homens, unidos pelo consentimento numa só pessoa – natural ou civil – que tem o uso de todos os seus poderes na dependência de sua vontade: é o caso do poder de um Estado (Hobbes, 1983: 53).

Articular um poder que contenha os impulsos entre as partes e que evite a beligerância permanente é uma das premissas hobbesianas empregadas aos estudos das relações internacionais. Nesse caso, em vez de seres humanos, defrontam-se, na expressão de Aron (1986), unidades políticas. Importante teórico francês, Aron reconhece a contribuição de Hobbes na seguinte passagem:

> Qual é, portanto, o primeiro objetivo que podem ter, logicamente, essas unidades políticas? A resposta nos é dada por Hobbes em sua análise do *estado natural*. Toda unidade política quer sobreviver. Governantes e súditos desejam manter sua coletividade por todos os séculos, de qualquer modo. Se admitirmos que ninguém deseja a guerra por si mesma, aceitaremos que, ao ditar as condições da paz, no fim das hostilidades, o governante deseja ter a garantia de que guardará as vantagens obtidas pelas armas e que não precisará voltar a combater no futuro próximo. No *estado natural*, todos (indivíduo ou unidade política) têm como objetivo primordial a *segurança*. Quanto mais cruéis são as guerras, mais os homens aspiram à segurança (Aron, 1986: 128).

A influência hobbesiana surge da necessidade de se estabelecer um balanço de poder (Morgenthau, 1973), a fim de evitar que um estado sobreponha seus interesses aos dos demais integrantes do sistema internacional. A configuração de uma ordem internacional baseada na imposição da vontade pela força teria como foco evitar o risco da perda de segurança de uma unidade política ou do próprio sistema que provê a segurança de seus integrantes. Para se evitar a "tirania" de uma unidade política sobre as demais, esta ordem deveria ser equilibrada. Essa noção permitirá uma série de análises do período da Guerra Fria.

Tal qual Maquiavel, Morgenthau considera como premissas da natureza humana, seu desejo de atingir o poder, de governar. Este impulso levaria os estados – representações de diversas sociedades humanas – a buscar seus interesses em termos de poder no sistema internacional e a influenciar os demais, de modo a fazer valer seus interesses particulares.

Este impulso é, segundo nosso entendimento, a principal premissa do realismo político, apesar da dificuldade de se estabelecer claramente quais são os interesses nacionais de um país. Eles podem ser expressos apenas quando diversos agrupamentos sociais são articulados, configurando um bloco no poder (Poulantzas; 1980 e 1986, Gramsci, 1980). Em tempos de globalização das finanças, da produção e do consumo, a presença estrangeira passa a ser tolerada, participando do "interesse nacional".

A concepção de geografia

Morgenthau tece considerações sobre a geografia e a geopolítica, considerando-as em relação à definição de poder nacional que habilita um estado a inserir-se na ordem internacional. No primeiro caso, funda suas ideias no pensamento do geógrafo alemão Ratzel e, no segundo, discute as concepções do geógrafo inglês Mackinder, como veremos a seguir.

Para Morgenthau, a Geografia é o primeiro elemento que compõe o poder nacional e "o mais estável fator do qual depende o poder de uma nação" (Morgenthau, 1973: 112).

Morgenthau exemplifica esta afirmação comentando a posição geográfica dos Estados Unidos, isolado por dois oceanos; da Grã-Bretanha, separada do continente europeu, o que dificulta sua invasão; da Espanha, protegida pela barreira natural dos Pirineus; e da então URSS, cuja dimensão territorial garantiria sua influência no mundo.

A concepção de Geografia exposta acima combina a posição e as características naturais do território, o que a aproxima daquela apresentada por Ratzel, para quem:

> [...] a geografia do homem deve estudar os povos *em relação às condições naturais às quais eles estão sujeitos*, isto é, considerá-los sempre *unicamente sobre seu território*. É sobre este que a geografia do homem vê, além disso, se definirem as leis que regulam a vida dos povos, leis que precisam ser expressas na forma geográfica. [...] Vê-se, portanto, como a extensão, a posição e a configuração dos territórios fornecem os elementos para avaliar a vida dos povos aos quais estes pertencem (Ratzel, 1914 *in*: Moraes, 1990: 102).

O geógrafo brasileiro Moraes afirma que:

> A Geografia proposta por Ratzel privilegiou o elemento humano e abriu várias frentes de estudo, valorizando questões referentes à História e ao espaço [...], tendo em vista o objeto central, que seria o estudo das influências que as condições naturais exercem sobre a evolução das sociedades (Moraes. 1983: 57).

Em outro trabalho, Moraes aponta como conceitos centrais de Ratzel:

o de território e o de espaço vital. O território seria, em sua definição, uma determinada porção da superfície terrestre apropriada por um grupo humano. [...] O conceito de espaço vital [...] manifestaria a necessidade territorial de uma sociedade, tendo em vista seu equipamento tecnológico, seu efetivo demográfico e seus recursos naturais disponíveis. Seria, assim, uma relação de equilíbrio entre a população e os recursos, mediada pela capacidade técnica. Seria a porção do planeta necessária à reprodução de uma determinada comunidade (Moraes, 1990: 23).

Vesentini, outro comentador das ideias de Ratzel, discorda daqueles que associam o pensador alemão ao determinismo, afirmando que [...] um apologista da "colonização científica", além de ter se engajado nas batalhas nacionais e na fundação de "organizações imperialistas" da época (Vesentini, 1986: 183).

O geógrafo Raffestin, por sua vez, considera que o geógrafo alemão identifica o poder com o Estado. Contrapondo-se a esta premissa, desenvolve seu raciocínio em torno da ideia de que o poder é mais amplo que o Estado, apoiado nas ideias de Foulcault (1979) de que o poder tem de ser dissociado do Estado. Assim, propõe uma geografia do poder distinta da geografia política, que seria a base da ação dos estados ou, como prefere Vesentini (1986), da geopolítica.

Claval, o geógrafo francês, também destaca a produção de Ratzel. Entretanto, relativiza sua importância, afirmando parte do que ele preconizou também poder ser encontrado em textos do geógrafo anarquista francês Elisée Reclus (Claval, 1974: 52-53).

Em outra passagem, porém, parece arrependido do que escreveu, afirmando:

[...] parece que foi Ratzel quem formulou pela primeira vez teses ambientalistas. [...] O determinismo restaurava a unidade da geografia [...] que estudava a influência do meio sobre o homem e devia sua importância e eficácia à conjunção das ciências naturais e do homem (Claval, 1974: 54).

Para o geógrafo espanhol Capel, Ratzel "elaborou conceitos novos que tiveram grande influência posterior, como os de 'ecúmeno' e o de 'espaço-vital'" (Capel, 1981: 280-81).

Por fim, cabe destacar que Ratzel teve um debate com Camille Vallaux, que escreveu, entre outras obras de destaque, o clássico *Géographie sociale: Le sol et l'État*. Outro geógrafo francês contemporâneo de Ratzel foi Elisée Reclus[1], militante anarquista de grande projeção em seu tempo devido às suas formulações políticas e geográficas. Ele discordava das postulações de seu colega alemão, em especial das teses que sustentariam o determinismo geográfico.

A análise das ideias de Ratzel permite afirmar que Morgenthau inspirou-se em seus escritos. Elas não refletem, entretanto, uma simples assimilação do determinismo geográfico alemão, mas uma exposição estratégica das virtudes geográficas de um país, quais sejam sua localização, posição, configuração territorial e elementos naturais que facilitam a defesa ou a consignação de objetivos estratégicos. Estes aspectos, se não conferem a Morgenthau o caráter de seguidor do geógrafo alemão, certamente conferem o de simpatizante de suas formulações. Curiosamente, porém, como Ratzel também é apontado como um dos pioneiros da geopolítica. Veremos que Morgenthau, neste caso, distancia-se do compatriota.

Passemos agora a analisar a concepção de geopolítica de Morgenthau, retomando esta tradição e seus principais formuladores.

A concepção de geopolítica

Reconhecida como de vital importância nas análises sobre as relações internacionais, a geografia foi muito mais destacada por Morgenthau que a geopolítica. Na verdade, ele não concordava com os geopolíticos, dirigindo duras críticas a alguns de seus idealizadores.

Morgenthau considerou a produção de outro geógrafo, além de Ratzel; trata-se de Mackinder, um dos inspiradores da geopolítica. De sua obra extraímos a seguinte passagem:

> Falo como geógrafo. O atual balanço de poder político é dado em qualquer tempo como produto, de um lado, das condições geográficas bem como econômicas e estratégicas e, de outro lado, do número, virilidade, equipamento e organização dos povos rivais (Mackinder, 1996: 550).

Não podemos deixar de apontar também a principal teoria postulada por Mackinder: o *Heartland*.

> [...] é uma ideia estratégica concebida teoricamente no começo do século e testada empiricamente ao longo de duas guerras mundiais. Formulada originalmente como *Pivot Area*, em 1904, e reelaborada sob a denominação *Heartland* em 1919, essa ideia estratégica assume seu conteúdo definitivo no último artigo de 1943. Tal conceito foi formulado por Mackinder para designar o núcleo basilar da grande massa eurasiática que coincidia geopoliticamente com as fronteiras russas no início do século (Mello, 1999: 45).

Se não existe uma coincidência entre a análise da posição da URSS de Morgenthau e o conceito de *Heartland* do geógrafo inglês, ao menos não se pode deixar de reconhecer que ambos estavam muito preocupados com a mesma porção da superfície terrestre, o que reafirma o caráter estratégico da região central da Europa. Em suas análises, a valorização da posição da unidade política – característica eminentemente geográfica – é o elemento comum.

Entretanto, o estrategista alemão discorda das proposições de Mackinder quando escreve que a geopolítica, tal qual como apresentada pelo geógrafo inglês, dá apenas uma dimensão do poder nacional "o distorcido ângulo da geografia" (Morgenthau, 1973: 159).

Em relação a outro geopolítico, suas críticas são ainda mais contundentes:

> [...] Haushofer e seus discípulos transformaram a geopolítica em um tipo de política metafísica usada como arma ideológica a serviço das aspirações nacionais da Alemanha (Morgenthau, 1973: 159).

Morgenthau acreditava que a geopolítica estava separada da geografia. Ele valorizava a última como posição estratégica e também como uma base física – o ambiente – que fornece recursos, ao mesmo tempo que condiciona as aspirações das comunidades humanas. Em relação à geopolítica, entendia se tratar de uma visão parcial, que poderia conduzir ao uso ideológico do conhecimento, em especial ao expansionismo germânico, do qual como judeu foi vítima.

Para discutir a geopolítica, é preciso retomar as interpretações da obra de Ratzel. A geógrafa brasileira Becker (1988: 100) e o cientista político Mello (1997: 12) reconhecem ter saído das ideias do geógrafo alemão as bases para a formulação da geopolítica. Entretanto, a matriz da geografia política também é associada ao geógrafo alemão.

O debate que procura distinguir a geografia política da geopolítica é alvo de muitos trabalhos, entre eles o de Vesentini (1986) e o de Costa. O primeiro escreve que a geografia política foi

> [...] institucionalizada no momento do engendramento dos Estados-nações e de expansão de um ensino público voltado para os interesses de reprodução do capital e de cada Estado nacional [...]. Já a geopolítica é por definição um discurso do Estado, e as diferenças entre os dois discursos não devem ser buscadas apenas no "objeto", mas principalmente no "sujeito" e nas relações entre esses dois polos complementares do saber (Vesentini, 1986: 67).

Para o geógrafo brasileiro, "a geopolítica é sempre um discurso do poder" (Vesentini, 1986: 189). Segundo ele, a geopolítica

> [...] parte de uma perspectiva do Estado e estuda o espaço geográfico visando a sua instrumentalização. Ela não é, então, um discurso específico dos militares [...] [embora seja] fortemente marcada pelo predomínio de militares de altas patentes. Isso é explicado pela própria natureza da geopolítica, como discurso e prática política de *controle social* via produção do espaço (Vesentini, 1986: 87).

Para Costa, a geografia política seria o estudo entre espaço e Estado e a geopolítica

> [...] a formulação das teorias e dos projetos de ação voltados às relações de poder entre os Estados e às estratégias de caráter geral para os territórios nacionais e estrangeiros,

de modo que esta última estaria mais próxima das ciências políticas aplicadas, sendo assim mais interdisciplinar e utilitarista que a primeira (Costa, 1992: 16).

Costa entende que a distinção entre estes campos do saber – a geografia política e a geopolítica – não é fundamental, posto que ambos acabaram sendo aplicados tendo em vista a implementação de estratégias dos países. Sugere, então, que a distinção mais relevante se dê no "nível de engajamento" (Costa, 1992: 17) de seus formuladores. Neste caso, aqueles que defenderam o termo geopolítica destacam-se em relação aos proponentes da geografia política, como os geógrafos alemães que sustentaram as teses de expansionismo germânico durante a Segunda Guerra Mundial.

Mello (1997: 2), defende a separação entre a geopolítica e a geografia política e a afirmação da geopolítica como ramo da ciência política. Ele entende que esse campo do saber foi vítima, especialmente no Brasil[2], de um reducionismo que "identificou geopolítica e nazismo como irmãos siameses que foram em bloco rejeitados" (Mello, 1997: vii). Além disso, afirma que

> [...] a geopolítica foi exorcizada como "pseudociência" e "geografia do fascismo" pela intelectualidade civil, ficando seu estudo relegado quase que inteiramente à intelectualidade militar (Mello, 1997: vii).

Além das ideias de Ratzel e de Mackinder, a tradição da geopolítica teve a colaboração de Kjéllen, que publicou *As grandes potências*, em 1905, e *O Estado como forma de vida,* em 1916. Adepto da separação entre a geografia política e a geopolítica, destacou-se por afirmar que a segunda seria uma área interdisciplinar, indicando uma clara aplicação da geopolítica. Para muitos autores que se seguiram a Kjéllen, esta concepção permite afirmar que a geografia política daria a posição estratégica dos países no mundo, enquanto a geopolítica mostraria a sua dinâmica (Vesentini, 1986: 68).

Outro autor considerado clássico da geopolítica é Mahan, que publicou duas obras de grande repercussão: *The influence of sea power upon history: 1660-1783*, em 1890, e *The influence of sea power upon the French and revolution empire: 1793-1812*, em 1892. Mahan entrou para a história como o criador das teorias sobre o poder marítimo, tese que seria depois contraposta por Mackinder. Segundo Mello, para o autor,

> a extensão das costas e não a área total era o aspecto mais relevante da extensão territorial de um país. [...] A grandeza numérica da população era outro fator de peso no desenvolvimento do poder marítimo. [...] O essencial era que uma parcela ponderável da mesma se dedicasse a ocupações relacionadas com o mar, constituindo assim uma retaguarda estratégica de apoio ao poder marítimo (Meio, 1997: 18-19).

Mahan considerava que o domínio dos mares era fundamental para se exercer influência sobre os demais países do mundo. Seus estudos enfocaram os casos da Inglaterra e da França, a partir dos quais concluiu que a posição de um país, sua forma territorial e a presença de uma costa extensa eram os fatores centrais na definição de uma potência.

Partindo desses aspectos, o autor apresenta os caminhos que os Estados Unidos deveriam seguir para alcançar a condição de potência mundial. Costa escreve que para Mahan não existe outra alternativa

> [...] que não seja a sua preparação militar, em suma, a *transformação de seu potencial econômico, territorial e marítimo em poder estratégico* (Costa, 1992: 73).

O estrategista Bowman, por seu turno, difundiu a interpretação dos Estados Unidos sobre o mundo para outros países, como a França, onde sua principal obra, *The new world,* publicada em 1921, foi traduzida. Neste livro, prefaciado na edição francesa por Jean Brunhes, renomado geógrafo da época,

> [...] Bowman entende que a guerra produziu um mundo novo, tais as alterações que provocou. Para ele, esse evento constitui uma grande ruptura, marco que finaliza uma era e inaugura outra (Costa, 1992: 97).

O próximo autor que trazemos à discussão é Haushofer, que, para Costa, "leva a extremos o que chamamos de 'determinismo territorial', de Ratzel" (Costa, 1992: 132). Mello (1999: 77) afirma que o general e geógrafo era tributário das ideias de Mackinder.

Acusado de colaborador do nazismo, embora tenha negado o fato e apresentado como prova a perseguição de que foi vítima sua esposa judia, Haushofer está entre aqueles que produziram uma geopolítica engajada. Ele foi o editor responsável pela *Revista de Geopolítica,* na qual encontram-se estratégias que foram, mais tarde, aplicadas pelos dirigentes do III Reich. Mello (1999) identifica nesta matriz aplicada da geopolítica uma

> [...] pseudociência ou, mais precisamente, uma ideologia geográfica, manipulada por alguns círculos político-militares para legitimar a política de poder do III Reich. Como doutrina justificadora da conquista do "espaço vital" e instrumento de racionalização da política de agressão e do expansionismo territorial nacional-socialista, a *Geopolitik* alemã nada mais é do que um subproduto espúrio e ilegítimo da geopolítica (Mello, 1999: 74).

Os geopolíticos que atuaram como colaboradores do regime nazista foram os responsáveis pela difamação da geopolítica. Eles difundiram um conhecimento aplicado que misturou racismo com dominação e perturbou o entendimento da importância da reflexão estratégica. Para Lévy (1994), este fato levou a uma desgeopolitização do mundo, levando a uma transformação da política que dificulta a dinâmica interna das sociedades (Lévy, 1994: 111).

Mais adiante, o autor escreve que "a geopolítica não desapareceu mas, incontestavelmente, seu domínio estreitou-se. É, talvez, a ocasião de refletir sobre o papel que podemos tentar dar a ela" (Lévy, 1994: 113).

Em nosso entender, não basta querer compreender o papel da geopolítica no mundo contemporâneo; é preciso ir além, buscando a compreensão dos mecanismos e dos agentes que a fazem permanentes. Esta busca deve ser cuidadosa, afirmando as diversas particularidades possíveis de serem observadas à luz dos numerosos recortes que podem ser feitos quando analisamos as relações internacionais contemporâneas.

Do ponto de vista do poder militar, por exemplo, existe uma ordem internacional que não vai, necessariamente, ser reafirmada quando estudarmos a ordem ambiental internacional ou mesmo a ordem econômica. Essa diversidade que emprestamos à vida contemporânea merece ser analisada caso a caso.

Afirmamos, aqui, a existência de uma ordem ambiental internacional e indicamos que seus mecanismos internos demandam uma análise particular. Os atores – unidades políticas, ONGs e grupos transnacionais – constroem arranjos diversos para cada situação em que se envolvem. A afirmação da política, combinada com os arranjos espaciais e ambientais, é a matriz que garante o funcionamento de um sistema internacional em reconstrução o qual permite entender o comportamento de seus diversos atores.

Não é nosso objetivo esgotar as formulações de geopolítica[3]. Ao contrário, procuramos introduzir – por meio das ideias de Morgenthau e de autores que o influenciaram – a tradição geográfica nos estudos internacionais tanto da chamada geografia política quanto da geopolítica. O fato de alguns geógrafos terem influenciado um dos maiores pensadores do realismo político evidencia a importância da geografia nos estudos internacionais. Nos anos do pós-guerra, porém, muitos autores confundiram a geopolítica com os ideólogos do movimento nazifascista, o que resultou em um ligeiro abandono dos estudos da geopolítica.

O mundo contemporâneo impõe a afirmação dos estudos das relações internacionais. Apesar de haver um intenso debate sobre a conveniência ou não de se afirmar a globalização econômica e financeira como marca de nosso momento histórico, não é possível negar que vivemos sob intensos fluxos de capital, informação, tecnologias e mercadorias. A necessidade de regular as ações dos agentes internacionais surge nesse contexto. No caso da temática ambiental, essa regulação depara-se com incertezas científicas e interesses diversos, configurando um quadro bastante rico e amplo.

NOVOS PARADIGMAS?

Nesse momento, apresentamos análises de pesquisadores em ciências sociais, destacando cientistas sociais e geógrafos que tratam da temática ambiental. Além disso, esboçamos um quadro conceitual e teórico sobre o qual formulamos hipóteses e questões que nossa pesquisa aborda. Estaríamos assistindo a emersão de novos paradigmas explicativos do sistema internacional? Acreditamos que não. As teorias clássicas ainda permitem, como veremos, uma análise bastante objetiva do processo em curso referente à construção da ordem ambiental internacional.

Ciências sociais e os estudos ambientais

Para começar, vamos tratar da produção brasileira em ciências sociais, destacando a temática ambiental. Em seguida, apresentamos um quadro envolvendo as posições entre os geógrafos.

Os pesquisadores da área de humanidades vêm se dedicando ao tema das relações internacionais e o ambiente muito recentemente. O sociólogo Vieira (1992) realizou um balanço – englobando o período de 1980 à 1990 – da produção em ciências sociais e a problemática ambiental no Brasil. Nesse trabalho, o autor aponta apenas um item, no campo da ciência política, que aborda as relações internacionais. São trabalhos que se dedicam a analisar o movimento ambientalista internacional.

Porém, há outros autores que apreenderam as relações internacionais e os problemas ambientais. É o caso do sociólogo Miyamoto (1992), que realizou uma primeira aproximação do que poderíamos chamar de ordem ambiental internacional, relevando a posição do governo brasileiro. Ou mesmo do jornalista Lins da Silva (1978), que coordenou um livro no qual vários autores discutem os aspectos sociais da chamada "crise ecológica". Nessa obra, não encontramos uma análise dos problemas ambientais envolvendo as relações internacionais, embora ela contenha uma introdução aos problemas que exigiram a regulamentação da ordem ambiental internacional e da própria CNUMAD.

Por outro lado, na obra organizada pelo cientista político Leis (1991), temos artigos que versam sobre a ordem ambiental internacional. É o caso do trabalho de Leis e do cientista político Viola (1991), no qual discutem o papel do movimento ambientalista internacional, ou "ecologismo" – como preferem os autores – considerando um cenário de cooperação Norte/Sul. Ou ainda o artigo de Leis (1991), no qual ele aborda o caso da Antártida para demonstrar o destaque que o ambiente natural ganhou na regulamentação do sistema mundial. Antártida é também trabalhada pelo sociólogo Brigagão (1991), que a aponta, em conjunto com a Amazônia, como áreas de "segurança ecológica", devido aos seus papéis na "regulação natural da vida na Terra". Escapa a esse autor a dimensão estratégica que estes dois ambientes ocupam, representando verdadeiros acervos vivos a serem pesquisados quanto às suas potencialidades. Preservá-los é manter a possibilidade de pesquisa dos seus recursos naturais, sejam eles seres vivos ou minerais. Por fim, ainda neste livro, encontramos um texto do sociólogo Guimarães (1991), tratando da particularidade latino-americana no contexto de um ambiente global.

A reconhecida interdisciplinaridade na abordagem dos problemas ambientais foi reafirmada no livro organizado pela ecóloga Tauk (1991). Como produto do I Simpósio Nacional de Análise Ambiental, realizado na Unesp em Rio Claro – SP, aparecem contribuições de diversos cientistas sociais, destacando-se os envolvidos com o estudo da legislação ambiental, além de trabalhos técnicos.

Na revista *Política Externa*, publicada após a CNUMAD, encontra-se a transcrição das intervenções dos professores Enio Candotti, Bertha Becker e do embaixador Marcos Azambuza por ocasião do debate sobre os resultados da conferência. Candotti (1992), físico de formação, comenta a posição dos Estados Unidos em recusar-se, à época, a assinar a Convenção sobre a Diversidade Biológica, afirmando que o poder mundial deslocou-se para o campo da detenção da biotecnologia. O embaixador Azambuza (1992) apontou as posições e a estratégia do governo brasileiro, desde o lançamento da candidatura do Brasil à sede da CNUMAD, até o posicionamento do país nas negociações. Também reconheceu a importância da participação das ONGs na CNUMAD. Já a geógrafa Becker (1992), por sua vez, destacou dois novos parâmetros para os estudos em relações internacionais: a percepção da unidade do planeta e o deslocamento da geopolítica mundial para o campo ambiental. Além disso, reconheceu a importância da participação das ONGs na CNUMAD e da Convenção sobre a Diversidade Biológica comentando, por fim, aspectos do multilateralismo que cercaram a CNUMAD e a Agenda XXI.

Do entusiasmo causado pela Rio-92 surgiram mais artigos discutindo a temática ambiental no Brasil. Destacamos dois: no primeiro, o sociólogo Santos (1994a), discute a biodiversidade brasileira, demonstrando o quanto desse patrimônio está sendo dilapidado pelo modelo predatório instalado no país. Além disso, analisa a política externa brasileira no tocante à defesa dos recursos genéticos. No outro artigo, (Viola, 1994), encontramos as consequências da globalização na política ambiental brasileira. O autor discorre sobre o papel do movimento ambientalista internacional e sua ação no Brasil, a partir de uma tipologia particular. Procura ver ainda como os ambientalistas atuaram na política ambiental brasileira.

Também publicado em 1994, temos o artigo de Villa, no qual trata do importante tema da segurança internacional embasada na temática ambiental. O caso estudado pelo autor é a Antártida, onde um modelo particular de ocupação foi implementado, tendo como premissa a ameaça à vida humana no planeta. E que qualquer alteração no continente antártico traria consequências desconhecidas na dinâmica natural do planeta, o que, em si, já representa uma ameaça.

Em livro de 1995, encontra-se um texto do cientista político Leis, que discute o "espírito do Rio". Citando "A Carta da Terra" subscrita por mais de 1300 entidades representando 108 países no Fórum Internacional de Organizações Não Governamentais e Movimentos Sociais (o chamado evento paralelo à CNUMAD), Leis assim o define:

> Nós somos a Terra, os povos, as plantas e os animais, as gotas e os oceanos, a respiração da floresta e o fluxo do mar. [...] Nós aderimos a uma responsabilidade compartilhada de proteger e restaurar a Terra para permitir o uso sábio e equitativo dos recursos naturais, assim como realizar o equilíbrio ecológico e novos valores sociais, econômicos e espirituais. Em nossa inteira diversidade somos unidade (Leis, 1995: 43).

Nesse artigo, Leis discorre sobre as teorias das relações internacionais, detendo-se no realismo, no idealismo e na teoria da interdependência e situando o ambientalismo diante delas. Dispara críticas ao neoliberalismo, mostrando sua incompatibilidade com a conservação ambiental. Cita o geógrafo anarquista Pietr Kropotkin como um pioneiro da difusão das premissas do ambientalismo: a solidariedade e a cooperação; apoia-se na teoria da ação comunicativa do filósofo alemão, Jurgen Habermas – para distinguir o ambientalismo de outras ideologias por desenvolver "uma condição ético-comunicativa, capaz de orientar ações de interesses divergentes" (Leis, 1995: 32). Entretanto, e talvez esteja aqui o maior mérito deste trabalho, define o ambientalismo:

> como realista-utópico porque só poderá vir a acontecer pela construção de pontes e aproximações entre fenômenos contrários [...]. Em outras palavras, a missão do ambientalismo é fazer o Dalai Lama e o presidente da IBM sentarem para conversar (Leis, 1995: 40).

Como vimos, começam a surgir algumas reflexões envolvendo a temática das relações internacionais e o ambiente. Entre os geógrafos brasileiros, no entanto, os trabalhos estão voltados para entender a complexa relação cultura/natureza, um clássico tema da Geografia.

Iniciamos com o geógrafo brasileiro Monteiro (1981), que apresenta um balanço das questões ambientais no Brasil para o período de 1960 a 1980. Entretanto, é em outro trabalho que vai problematizar teoricamente o tema. Recusando-se a analisar o ambiente a partir das relações econômicas, Monteiro indica que cabe ao geógrafo oscilar:

> entre a objetividade requerida pela "conceitualização" sofisticada da ciência e a simplicidade subjetivamente reclamada pelo senso comum [...] o que equivale propor retirar a Geografia do impasse em que foi colocada atualmente, debatendo-se entre o positivismo lógico e o materialismo histórico (Monteiro, 1984: 23-24).

A saída estaria num arranjo holístico e fenomenológico, da qual resultaria uma Geografia que "não considera nem a Natureza (matéria da experiência) nem o homem (corpo que percebe) como 'fundantes'" (Monteiro, 1984: 26).

Outro autor importante é o geógrafo brasileiro Seabra. Em artigo também publicado em 1984, contrapõe-se a Monteiro, quando afirma:

> Parece-nos pertinente distinguir uma Geografia da Sociedade e uma Geografia da Natureza em que nesta última fosse abordado, por meio dos métodos de investigação das ciências naturais, o resultado objetivo da ação do homem sobre a "Superfície da Terra" e na Geografia do Homem, com métodos das ciências sociais, a Natureza aparecesse, antes de mais nada, como recurso natural, ou seja, algo que adquire sentido para a sociedade em questão, de forma historicamente determinada (Seabra, 1984: 15).

A geógrafa brasileira Lombardo, em livro de 1985, aborda a temática da ilha de calor na cidade de São Paulo. Trata-se de referência para os trabalhos de climatologia urbana no Brasil.

Carvalho (1986), um geógrafo brasileiro, discute o ensino da natureza no ensino médio, propondo o não abandono da Geografia física, sob pena de se perder a base das formulações ambientais.

Já Vesentini (1989), caracteriza o ambiente dentro da concepção moderna de natureza e destaca o papel do movimento ecológico numa perspectiva de intervenção no arranjo das relações mundializadas. Além disso, analisa o militarismo como vetor de um tipo de desenvolvimento que não incorpora as questões ambientais.

Por sua vez, Gonçalves (1989) destaca a gênese do movimento ecológico, além de situar o modelo de produção das necessidades numa perspectiva preservacionista, criticando a produção a qualquer custo.

Ribeiro (1991) discute o conceito de ambiente, afirmando ser necessário distinguir um ambiente natural e outro produzido. Define o primeiro como produto de processos exclusivamente naturais e o segundo como resultado de relações sociais, mesmo recebendo influências naturais.

No livro organizado por Sales (1992), temos uma primeira abordagem da CNUMAD no seio da comunidade geográfica. Dentre os artigos do livro que foram escritos antes da reunião do Rio, estão os de Gonçalves, Waldman e Mendonça (1992). Em Gonçalves, encontramos uma análise do contexto em que é convocada a Rio-92. Waldman (1992), por sua vez, ressalta as várias interpretações sobre a temática ambiental, destacando o "eco-capitalismo" como a tendência basiladora das resoluções da CNUMAD. Mendonça (1992) analisa os aspectos transformadores na produção do espaço que as mudanças climáticas trariam, caso confirmadas. Já Sales (1992) e Ribeiro (1992) produziram seus trabalhos após a reunião do Rio. Sales (1992) destaca alguns dos Tratados assinados pela sociedade civil internacional, representada pelas ONGs no chamado encontro paralelo à CNUMAD. O outro trabalho pós Rio-92 procurou, de maneira preliminar, expressar como foram abordadas as questões da preservação da vida na Terra, da ameaça das mudanças climáticas e da pobreza nos documentos firmados, sejam Convenções, Declarações ou na *Agenda XXI* (Ribeiro, 1992).

O sociólogo brasileiro Waldman (1992a) ressalta a articulação entre atores envolvidos com lutas sociais e ambientalistas; apresenta um relato do movimento ambientalista no Brasil e dedica um capítulo para tratar da divisão dos riscos técnicos do trabalho, comentando porque países periféricos passam a receber indústrias poluidoras em seus territórios.

O geógrafo brasileiro Moreira (1993) analisa os elementos da natureza como forças motrizes que moldam a base física. Em seguida, discorre sobre a história natural, passando a debater o paradigma ecológico no qual "está implícita [...] a ideia de que a natureza evolui em espiral e não em ciclos que se fecham sobre seu próprio ponto inicial de partida" (Moreira, 1993: 34).

Moraes (1994) aborda a interdisciplinaridade nos estudos ambientais, as dificuldades em se estabelecer diretrizes para o planejamento ambiental e a polêmica discussão entre patrimônio natural e soberania territorial. Avesso ao modismo do paradigma holista, afirma que cabe às ciências humanas definirem uma perspectiva própria para adentrarem de maneira multidisciplinar nas pesquisas ambientais. São analisadas as posições de Ratzel, Quaine e Marx, entre outros, sem que o autor se defina por algum dos teóricos.

Milton Santos (1994) dedica um capítulo de seu livro à discussão ambiental, no qual alerta:

> Quando o "meio-ambiente", como Natureza-espetáculo substitui a Natureza Histórica, lugar de trabalho de todos os homens, e quando a natureza "cibernética" ou "sintética" substitui a natureza analítica do passado, o processo de ocultação do significado da História atinge o seu auge. É também desse modo que se estabelece uma dolorosa confusão entre sistemas técnicos, natureza, sociedade, cultura e moral (Santos, 1994: 24).

Em obra organizada por Becker *et alii* (1995) encontram-se artigos sobre desenvolvimento sustentável, Amazônia, a problemática ambiental na cidade e no campo, entre outros.

O conceito de desenvolvimento sustentável ganhou atenção dos geógrafos brasileiros. O geógrafo brasileiro Gonçalves (1993) chega a propor uma geografia política do desenvolvimento sustentável, calcada no entendimento do movimento ambientalista. Ribeiro *et alii* (1993) apresentam um histórico do desenvolvimento sustentável, mostrando incoerências em suas diferentes formulações.

O panorama acima objetivou expor a produção dos geógrafos e demais cientistas sociais brasileiros acerca da temática ambiental. Da análise dessas obras, podemos inferir duas conclusões: a primeira é o abandono – que felizmente começa a ser rompido – das relações internacionais nos estudos dos pesquisadores da área de humanidades, em especial no campo dos problemas ambientais no Brasil. A outra indica que a abordagem interdisciplinar impõe-se para o trato das questões ambientais, ganhando o campo das ciências sociais.

Novos paradigmas e a ordem ambiental internacional

É amplo o leque de alternativas teóricas ofertadas para explicar o sistema internacional contemporâneo. O paradigma do choque de civilizações (Huntington, 1994), a teoria do fim da história (Fukuyama, 1992), a teoria da interdependência, proposta inicialmente por Nye e Keohane (1973) e reafirmada por Columbus (1986), além dos escritos de Aron (1986). Em nosso entendimento cada uma delas tem seu valor, entretanto, para explicar a ordem ambiental internacional combinamos o realismo político de Morgenthau (1973) com o conceito de subsistema, proposto por Aron (1986) e a teoria da interdependência.

A proposta de Huntington não permite uma análise da ordem ambiental internacional. Como veremos, países islâmicos e ocidentais – para tomarmos um dos conflitos que ele aponta como possível de ocorrer – participam dos eventos internacionais que integram a ordem ambiental internacional. As diferenças que surgem são calcadas em aspectos específicos de acordo com cada documento e nos interesses nacionais, categoria proposta por Morgenthau. Mesmo que possa ser classificado como um subparadigma do realismo político, portanto integrando a tradição teórica de Morgenthau, como afirma Chiappin (1994: 53), as postulações de Huntington não poderiam ser aplicadas à temática ambiental. Elas seriam válidas para análises de casos específicos como, aliás, ele exemplifica em seu artigo e em seu livro (1992 e 1997).

A teoria do fim da história, na qual seu autor afirma a hegemonia do capitalismo como indicação de que não teremos mais mudanças históricas de destaque, não se aplica à ordem ambiental internacional, pois verificamos uma série de alterações entre a posição dos países ao longo dos anos para temas como as mudanças climáticas, por exemplo. Mesmo se admitíssemos que esse subsistema do sistema internacional foi edificado para salvaguardar o funcionamento do capitalismo mundial, não poderíamos aplicar as ideias de Fukuyama. Apesar da hegemonia dos Estados Unidos – fato inquestionável –, aquele país não conseguiu exercê-la em várias passagens da ordem ambiental internacional, como na que definiu a Convenção sobre a Diversidade Biológica.

A ordem ambiental internacional é complexa o suficiente para permitir que se empreguem alternativas distintas na sua interpretação. Deste modo, apesar de estarmos afirmando o realismo, ele deve ser combinado com o arranjo proposto por Aron.

Se tomarmos os escritos de Aron (1985: 25), a ordem ambiental internacional poderia ser enquadrada como um evento transnacional, embora o autor tenha empregado este termo para as relações econômicas. Os problemas ambientais decorrem de processos antrópicos e naturais, tendo um alcance que transborda os limites territoriais dos países. Cabe retomar uma passagem de Aron, que ilustra este aspecto:

> A sociedade transnacional manifesta-se pelo intercâmbio comercial, pelo movimento de pessoas, pelas crenças comuns, pelas organizações que ultrapassam as fronteiras nacionais [...] (Aron, 1986: 166).

Além disso, poderíamos classificar a ordem internacional como um subsistema específico do sistema internacional, com características de um sistema heterogêneo e multipolar (Aron, 1986: 162-3). Na verdade, no interior dela identificamos vários subsistemas: um para cada documento acordado.

A teoria da interdependência é sempre lembrada entre analistas da ordem ambiental internacional; e sua justificativa é o caráter transnacional dos problemas ambientais. Porém, apesar do reconhecimento desse fato, os exemplos que daremos a seguir demonstram o contrário: os países não estão tão dispostos a cooperar, item sempre presente em convenções internacionais sobre o ambiente, mas sim em aproveitar as novas oportunidades para obter vantagens.

Wilhelmy contribui para o entendimento da ordem ambiental internacional quando reconhece que o fato mais relevante do sistema internacional teria sido o surgimento de novos atores, emersos da sociedade civil mundial.

> [...] o estado deixa de monopolizar o manejo das relações exteriores e agentes não governamentais passam a intervir nelas [...]. Estes novos agentes podem intervir na vida internacional, seja atuando direto com outras sociedades, por meio de setores pertinentes da burocracia nacional, ou mediante seu acesso a organismos ou foros internacionais que se ocupam de temas afins com seus interesses (Wilhelmy, 1991: 73).

Esta assertiva tem na ordem ambiental internacional uma grande visibilidade. A CNUMAD, por exemplo, foi a primeira reunião da ONU que permitiu a participação da sociedade civil organizada. Porém, ela restringiu-se à qualidade de ouvinte, sem direito a voto e com apenas sete minutos de pronunciamento de voz. E claro que foi possível obter informações, mas não foi o caso de se alterar tanto os rumos das negociações. Talvez as ONGs tenham desempenhado o papel de fiscalizadoras das ações de seus respectivos governos.

Mas o principal papel das ONGs foi aumentar o interesse do grande público acerca das questões ambientais. Porém, aqui também cabem restrições. O trabalho de Leis e Viola (1991), já apontou para os impasses do movimento ambientalista internacional. Também se questiona a existência de algumas

ONGs de fachada, cujos recursos e objetivos de ação nos países periféricos nem sempre são explícitos, embora sejam bastante espalhafatosos.

As complexas relações entre os países, característica central do sistema internacional contemporâneo, podem ser explicadas dentro de duas posturas teóricas: uma prende-se à política, pautada pela ação dos Estados; outra, com referências econômicas, centra a análise nas empresas transnacionais e sua capacidade de mobilizar recursos pelo mundo (Giddens, 1991: 71).

A ONU é o palco de muitas negociações políticas, embora não seja o único. Novos organismos de discussão internacional têm sido criados nos últimos anos, esvaziando a ONU como principal cenário das deliberações mundiais.

Porém, se a ONU não tivesse importância, ela não teria aumentado tanto a quantidade de países-membros atingindo mais de 180 desde a sua fundação, em 1945. Além disso, o Conselho de Segurança ainda mantém sua influência no encaminhamento de soluções para conflitos.

Outro fator relevante quando se estuda as relações internacionais, tomando a política como foco da análise, é a capacidade militar. Os países mais bem equipados militarmente exercem poder sobre os mais modestamente equipados. A lógica que impera é a da força.

Mas a capacidade militar não é medida apenas pelos recursos de combate. O tamanho do território, o total da população, a presença de recursos naturais também compõem o espectro que define o poder militar de um país[4].

Porém, o principal elemento independe da vontade dos militares. Trata-se da vontade nacional, como bem define Cline (1983), que pode ser traduzida como o envolvimento da população nos conflitos. Uma população desmotivada certamente não combaterá com o mesmo afinco que um povo determinado a alcançar um objetivo. Assim, de nada adianta modernos e poderosos recursos militares, se não houver envolvimento dos habitantes do país.

A análise centrada na economia tem Arrighi (1996), Chesnais (1996 e 1998) e Chossudowsky (1999) como destaques. Eles atentam para o papel das empresas transnacionais e de organismos multilaterais como o Fundo Monetário Internacional – FMI – e o Banco Mundial. Nesse caso, o elemento da regulação das relações internacionais é o mercado, um mercado internacional, mundializado. Assim, a instalação de uma fábrica, de um centro de pesquisa ou mesmo a introdução de inovações tecnológicas em filiais depende da conjuntura econômica internacional, expressa pela possibilidade de se acumular mais capital em menos tempo.

Lipietz (1994 e 1995) tenta combinar as duas variáveis. No primeiro trabalho comenta as negociações que envolvem a política; ele tece considerações sobre a CNUMAD, destacando as relações Norte-Sul, que, em nosso entendimento, não se estabeleceram, como veremos no capítulo "A Conferência das Nações Unidas para o Meio Ambiente e o Desenvolvimento". No outro trabalho, aponta os custos para a redução dos níveis de emissão de gases estufa para os países centrais e destaca que esta é a maior dificuldade para que a Convenção de Mudanças Climáticas seja implementada. Neste trabalho, privilegiamos a abordagem política na explicação do sistema internacional. Essa alternativa está ancorada nas evidências empíricas que demonstraremos ao longo do texto, quando analisarmos as diversas rodadas da ordem ambiental internacional.

Nossa preferência dá-se também pela teoria do realismo político, cujo maior formulador foi Morgenthau, como destacamos. Entretanto, não pensamos ser necessário aplicar todas as evidências apontadas por ele na construção teórica do realismo político contemporâneo. A manutenção da ordem baseada apenas no poder militar, por exemplo, é uma matriz que não se confirma na ordem ambiental internacional. O direito de dispor das armas e do exercício da força – instrumento de ação dos Estados e entre Estados – fica restrito quando se formulam instrumentos mais amplos de discussão, como as conferências internacionais.

Apesar disso, outras premissas do realismo permanecem extremamente atuais, como a salvaguarda da soberania – como evidenciam os documentos tratados mais à frente – e a prevalência da busca dos interesses nacionais. Esta é a maior contribuição que o realismo possibilita para entender a ordem ambiental internacional. Afinal, trata-se de um subsistema do sistema internacional, para tomarmos novamente a expressão de Aron, que tem de acomodar preservação ambiental, acesso à informação genética e às tecnologias para manipulá-las, controle sobre espécies em extinção e sobre gases emitidos na atmosfera, entre outros aspectos. Nesta acomodação, alguns países perdem poder no sistema internacional e também novas oportunidades surgem.

A ordem ambiental internacional pode ser enquadrada como um subsistema heterogêneo e multipolar, como recomendaria Aron (1986); é preciso, porém, ponderar a atuação de novos agentes – como as ONGs e as transnacionais – para lembrar-se da contribuição de Columbus (1986) e Wilhelmy (1991). Mas isso não basta. Quando se analisam os documentos veremos que, apesar da difusão da teoria da interdependência, o que têm sido ressaltado são a soberania e os interesses nacionais, ou seja, elementos do realismo político.

Passaremos a apresentar a seguir a periodização que sustenta este trabalho, indicando os momentos de aparentes rupturas e continuidades construídos pelos diversos atores que elaboram a ordem ambiental internacional.

NOTAS

[1] Para uma introdução à obra de Reclus, ver Andrade (1985).
[2] Vários autores abordaram o pensamento geopolítico brasileiro, como Miyamoto (1981 e 1985), Vesentini (1986), Becker (1988), Costa (1992) e Mello (1997). Todos concordam em

que a geopolítica no Brasil, desde seu introdutor, Everardo Backheuser, até o Gal. Golbery do Couto e Silva (1981), foi predominantemente estudada nos meios militares.

[3] Para uma análise da geopolítica, ver Ancel (1936), Gottmann (1952), Couto e Silva (1981), Atencio (1975), Meira Mattos (1977). Lacoste (1978), Miyamoto (1981), Silva (1984), Vesentini (1986), Becker (1988), Raffestin (1993), Costa (1992) e Mello (1997 e 1999).

[4] Para uma análise da importância do território nas relações internacionais ver Raffestin (1993).

PERIODIZAÇÃO E GEOGRAFIA

Na tentativa de encontrar os mecanismos que repercutem na produção do espaço geográfico, é cada vez mais necessário que os geógrafos apresentem uma periodização em seus trabalhos. Isso se dá porque os imperativos da produção do espaço alteram-se diante de mudanças de várias ordens que geram uma tensão entre o novo, que emerge, e o velho; tensão que se agrava diante da "aceleração contemporânea", a qual reproduz cada vez mais rapidamente o capital, como afirma Milton Santos (1993). Em sua implantação, a aceleração da circulação do capital encontra a "inércia espacial" ora como barreira ora como suporte, configurando o meio técnico-científico informacional (Santos, 1993).

A tensão entre a aceleração constante e a inércia espacial, uma das fontes mais ricas da pesquisa geográfica, tem na periodização uma etapa importante. A partir dela identificam-se pistas para demarcar as rupturas resultantes de imperativos tecnológicos, ambientais, históricos e sociais. Essas pistas podem ser descobertas por meio da história, do fato histórico e do lugar, suportes do ato de periodizar, como veremos adiante.

A HISTÓRIA E A INTERPRETAÇÃO HISTÓRICA

Podemos identificar na história pelo menos duas lógicas, que passaremos a expor.

Uma delas diz respeito à interpretação da história, nas diversas formas que a historiografia assumiu. Ainda que os historiadores da Nova História advoguem um estatuto científico para aquela disciplina (Le Goff, 1984: 218), já possuímos, nas ciências humanas, uma tradição que deixa claro que uma análise é uma tomada de posição e, portanto, dotada de valorizações das diversas dimensões inerentes à condição humana.

A ideologia é uma dessas dimensões. Segundo Mannheim,

> Existe toda uma série de tipos possíveis de mentalidade ideológica. Podemos ter, como primeiro desta série, o caso em que o indivíduo – que pensa e concebe – se ache impedido de tomar consciência da incongruência de suas ideias com a realidade em virtude do corpo total de axiomas implicado em seu pensamento, histórica e socialmente determinado. Um segundo tipo de mentalidade ideológica é a "mentalidade hipócrita", que se caracteriza pelo fato de que, historicamente, tenha a possibilidade de desvendar a incongruência entre suas ideias e suas condutas, mas, em vez de o fazer, oculta essas percepções, em atenção a determinados interesses vitais e emocionais. Como tipo final, existe a mentalidade ideológica que se baseia no logro consciente, em que se deve interpretar a ideologia como sendo uma mentira deliberada. Neste caso, não estamos tratando com a autoilusão, mas com o enganar deliberadamente outra pessoa (Mannheim, 1986: 219).

Marilena Chauí partilha o último entendimento proposto por Mannheim (1986) quando escreve:

> Os homens produzem ideias ou representações pelas quais procuram explicar e compreender sua própria vida individual, social, suas relações com a natureza e com o sobrenatural. Essas ideias ou representações, no entanto, tenderão a esconder dos homens o modo real como suas relações sociais foram produzidas e a origem das formas sociais de exploração econômica e de dominação política. Esse ocultamento da realidade chama-se ideologia. Por seu intermédio, os homens legitimam as condições sociais de exploração e de dominação, fazendo com que pareçam verdadeiras e justas (Chauí, 1980: 21).

Embora identifique um uso deliberado da ideologia, Chauí amplia o conceito, chegando ao campo das representações socialmente estabelecidas que constituiria o imaginário social. A produção historiográfica permite a implementação de tais representações, alargando o imaginário socialmente construído por meio de sentidos interpretativos das relações entre os agentes envolvidos no processo histórico.

A segunda lógica da história é também a prática dos agentes sociais diretamente envolvidos na construção e nos embates de projetos políticos. Nesse sentido, a história é a possibilidade ou não de se alcançar os desejos. Os conflitos devem ser tornados públicos, muito embora possam não estar à mostra nos fatos. Mas não podemos negar a objetividade dos acontecimentos históricos. Eles efetivamente ocorreram. O que se alteram são as interpretações sobre suas causas e as decorrências que vencedores e vencidos puderam colher de sua realização. O fato histórico mereceu (e continua merecendo) a atenção dos historiadores, pois constitui a base das formulações da história, emprestando a forma da historiografia aos acontecimentos passados.

O fato histórico e o intérprete

Os historiadores vêm discutindo o fato e seu significado há muito tempo. Até o final do século XIX, a historiografia apoiou-se em fatos para gerar conhecimento, produzindo a História Factual ou História dos Acontecimentos. A forma mais bem-acabada dessa corrente foi a História Política, traduzida pelos feitos dos príncipes e dos heróis. O simples arrolar datas de maneira cronológica, não resistiu, porém, às inovações propostas nos anos 1930, quando a revista *Annales* foi criada por Lucien Febvre e Marc Bloch. Naquela ocasião, a história vê seu campo ampliado para temas até então negligenciados pelos historiadores. E também importante ressaltar o declínio da História Política, que perdeu espaço para novas abordagens.

O fato, entretanto, não foi abandonado pelos historiadores, em suas reflexões. Vesentini define o fato da seguinte maneira:

> [...] o fato contém um conjunto de ideias [...]. O crescimento e as divergências ocorrem na faixa das significações alocadas, permitindo maior ou menor abrangência cronológica e um círculo igualmente ampliado ou reduzido de novos fatos e agentes, em sua função exigidos (Vesentini, 1982: 48).

Isso significa que o problema desloca-se para a interpretação do fato, principalmente pela posição de destaque que ocupa "como marco dos edifícios propostos" na interpretação (Vesentini, 1982: 126). A articulação dessa interpretação, no entender do autor, se daria na

> [...] junção da memória viva, do rememorar, com a análise [...]. Retomá-lo para interpretá-lo [...] significa mantê-lo e ampliá-lo (Vesentini, 1982: 48).

A abordagem do fato define-se a partir de parâmetros da realidade. A expressão maior dos acontecimentos é sua materialidade. A Geografia sintetiza os fatos por meio do estudo da apreensão da materialidade dos acontecimentos. Essa síntese não significa a palavra final, o conteúdo maior dos fatos, mas, sem dúvida, registra o acontecido; aquilo que a política como negociação, como projeto possível, permitiu que ganhasse corpo, que se produzisse na forma de espaço geográfico ao longo do tempo. A geografia seria, então, a síntese espaço/tempo, a materialidade do trabalho entremeada de significações e de elementos naturais.

A paisagem geográfica sintetiza o real a partir de seu observador. A incidência do olhar do observador, ao delimitar o campo visual, não atinge completamente o interior da paisagem, mesmo que o olhar se dê de maneira dinâmica, isto é, apreendendo a dinâmica da paisagem. Daí ser necessário focar o lugar geográfico, que é sintetizado nas relações humanas.

A questão se volta para o intérprete do acontecimento, já que este não fez a história, mas pode reinventar os fatos do lugar, dando a eles novas leituras, desde que elas sejam objetivas.

O historiador francês Certeau (1976: 37) desloca para o historiador o papel de "fazer aparecer os desvios", que para ele são os fatos responsáveis pelas descontinuidades da história. Dosse (1992), historiador francês, critica esta posição nos seguintes termos:

> Outros historiadores, como Michel de Certeau, privilegiarão as descontinuidades nessas séries repetitivas, os desvios [...]. Com essa vasta decomposição do real no plano das descrições, assistimos ao renascimento do neopositivismo não no sentido comtiano do termo, que buscaria a lei que está por trás da repetição, mas no plano da história clássica francesa do começo do século, com a fascinação pelo fato bruto, pelo factual como ponto de partida e único nível de inteligibilidade [...]. Esse percurso serial traduz a dupla impotência, a de o historiador poder aspirar à visão global e a do homem agindo na história, entre as séries que lhe escapam: perdeu [...] toda capacidade de agir sobre o real (Dosse, 1992: 188-189).

O intérprete é um agente social. Evidentemente, ele não é o mesmo que participou dos acontecimentos de maneira objetiva (o que, de fato, não é sinônimo de verdade), mas aquele que os interpretou, podendo inclusive apurar a verossimilhança do ocorrido. Esse será um bom analista dos fatos, pois, consciente de seus objetivos, parte para os vestígios deixados pelos agentes sociais que viveram os acontecimentos. A documentação (quando é possível acessá-la) não deixa dúvidas quanto à intencionalidade dos agentes sociais envolvidos na história.

Nesse sentido, um intérprete pode apresentar a lógica do vencido ou do vencedor – o que constitui uma opção política – mesmo quando se diz apolítica. Captar o significado do fato torna-se uma questão de método, de arranjo da interpretação, na remontagem dos fatos analisados e sintetizados pelo intérprete. A verdade, criada e recriada, aparece nas evidências empíricas a partir dos sinais dos vários agentes que fizeram a história – sinais que devem ser decodificados. Trata-se de construir o edifício, como afirma Vesentini (1982). E o intérprete, baseando-se numa periodização que denote as rupturas, as descontinuidades, também recriará a história dos acontecimentos. Uma história revista, composta de diversos elementos que se articularam em fatos, no lapso de tempo interpretado. Seria difícil fazê-lo de outra maneira, pois o intérprete encontra-se em outro momento, em outro lugar e sobre outras influências.

Quando o intérprete acredita estar de acordo com seus princípios em relação à vida, pode fazer uma opção consciente. Portanto, o melhor método é o do autoconhecimento, o que explica sua constante revisão assim como a da história. A interpretação da história é fruto da consciência de quem está produzindo a historiografia.

O LUGAR NA HISTÓRIA OU A HISTÓRIA NO LUGAR?

A história dos homens no Ocidente pode ser entendida como um jogo tenso entre o acaso e a causalidade (Vesentini, 1986: 20). Além disso, aponta outro determinante: a disposição de seus agentes, dotados de objetividade. E a tensão da vida, da luta pela vida, numa leitura hobbesiana, mas, mais do que isso, da certeza de quem é o outro e do que ele pode vir a ser (Hobbes, 1988: 74). Porém, o "medo" do outro pode tornar-se a sua medida da vida em direção à alteridade.

Em outra ocasião, apresentamos esta definição: "O espaço produzido é a materialização do tempo, por meio do trabalho dos homens" (Ribeiro, 1988: 46). É o tempo da produção da vida humana que, mediado pelo ambiente herdado – as rugosidades de que fala Milton Santos em *Por uma geografia nova,* de 1978 –, dá ao espaço produzido a forma de documento. Escreve Santos:

> O espaço, espaço-paisagem, é o testemunho de um momento de um modo de produção [...] o testemunho de um momento do mundo. [...] Ele testemunha um *momento* de um modo de produção pela memória do espaço construído, das coisas fixadas na paisagem criada. Assim, o espaço é uma forma, uma forma durável, que não se desfaz paralelamente à mudança de processos: ao contrário, alguns processos se adaptam às formas preexistentes, enquanto outros criam novas formas para se inserir dentro delas (Santos, 1978: 138).

Para ler este espaço, é preciso captar os lugares internos às diversas configurações que se instituem no espaço analisado. É preciso, então, retomar a discussão do lugar.

O conceito de lugar foi definido inicialmente pelo filósofo grego Aristóteles (1972), em sua *Física.* Para ele, o lugar seria o limite que circunda o corpo. Esta visão predominou por muito tempo, até que o filósofo francês Descartes (1972), em seus *Princípios filosóficos,* inovou escrevendo que o lugar deve ser definido em relação à posição de outros corpos.

Foi esta última assertiva que influenciou tanto Vidal de La Blache (1921) quanto Max Sorre (1961), que trataram o lugar como uma variável locacional de um determinado fenômeno.

Na década de 1930, Walter Christaller (1966) apresenta sua teoria dos lugares centrais, definindo o lugar como um elemento funcional que articula diferentes pontos do espaço geográfico a partir de seus atributos, conforme comenta Corrêa (1997).

Tuan por sua vez, trabalha com a noção de lugar como "um mundo de significado organizado [...], como pausa na corrente temporal" (1983: 198). Nesse sentido, o lugar adquire, para Tuan, significados "por meio do contínuo acréscimo de sentimento ao longo dos anos" (Tuan, 1983: 37).

Outro autor que se dedica ao estudo da categoria lugar é Silva, apontando que

> [...] a Geografia tem raiz em Aristóteles com a classificação empírica e lógica. Por outro lado, a descrição dos lugares e das populações, que se encontra em Heródoto e Estrabão, implica uma interpretação da qual não está isento o juízo de valor (Silva, 1978: 5).

Mais à frente, Silva escreve,

> O espaço é, pois, o maior lugar possível. O lugar manifesta-se como área, região, território. Esses são uma expressão do lugar. O espaço geográfico [...] não pode ser considerado isoladamente da população [...]. Essa população percebe e toma consciência do espaço em que vive e trabalha. Por isso a importância das relações: o lugar determina as relações e estas o lugar (Silva, 1978: 7).

Por sua vez, Castro alerta para a necessidade de se tomar a escala como uma medida metodológica na análise das categorias geográficas, em especial a partir "da recente reinvenção do lugar na Geografia" (1995: 139).

Outra autora a trabalhar com o lugar é a geógrafa brasileira Ana Fani Carlos, que escreve:

> O lugar contém uma multiplicidade de relações, discerne um isolar, ao mesmo tempo que se apresenta como realidade sensível correspondendo a um uso, a uma prática social vivida [...]. O lugar é sempre um espaço presente dado como um todo atual, com suas ligações e conexões cambiantes. Mas isso só pode ser entendido se se transcende a ideia do lugar como fato isolado – o que faz com que a vida de relações ganhe impulso na articulação entre o próximo e o distante (Carlos, 1996: 30-31).

Em outra obra, Silva avança em suas reflexões sobre o lugar, definindo o lugar social como "o lugar das relações sociais" (1991: 136). Porém, ressalva que

> [...] o lugar social não existe efetivamente sem o lugar natural. Ambos se objetivam no espaço geoeconômico, determinação necessária à sua existência no modo de produção. O lugar social não existe, porém, sem as populações, que são suas outras determinações. Por isso, o lugar social se põe como uma totalidade de relações e formas espaço-sociais que contêm a contradição necessidade-liberdade. O espaço da liberdade é o espaço da necessidade consciente que só se objetiva como consciência da liberdade a ser conquistada (Silva, 1991: 136).

Para captar os lugares, faz-se necessário apreender as relações sociais "das populações, que são suas determinações" (Silva, 1991) e que dão a forma da existência humana ao lugar. Portanto, há que se entender os projetos dos seres humanos, que desenvolvem relações nos lugares e no espaço geográfico e que consolidam de forma objetiva ou, até antes de ganhar materialidade, o lugar prospectivo estabelecido nos projetos em disputa.

Daí ser vital identificar os agentes envolvidos no processo de negociação que a implementação do projeto engendra. A política, a arte do possível, a arte de administrar as diferenças, cuja condução e diretriz são sempre objetos de disputa, emerge como centro das preocupações, pois vai permear a ascensão e a exclusão de determinadas frações de classe na consolidação dos lugares, em sua forma de espaço produzido. Como produto/documento, o espaço produzido é uma das fontes de pesquisa. Adentrar os lugares que ele abarca é a etapa seguinte. Identificar os agentes e o percurso que conseguiram imprimir a seus projetos é outra etapa, sendo que esta última permeia as duas anteriores em direção à periodização.

Em outra ocasião, escrevemos que

> [...] o lugar está intimamente ligado ao estar no mundo. No caso da espécie humana, dado o nosso caráter gregário, o estar no mundo tem uma implicação social. Quem está no mundo só o é em algum lugar. O reconhecimento de estar e/ou ser no mundo por um outro ser cria a medida da definição do lugar de um ser perante outro. Assim é que o lugar define-se a partir das relações sociais entre os seres que estão interagindo, que podem ganhar qualquer qualificativo, como relações culturais, de trabalho, políticas, amorosas, entre tantas outras (Ribeiro, 1996: 193).

Isso posto, é preciso olhar para os lugares da paisagem, uma metodologia muito empregada pelos geógrafos. Mas um campo de visão com um olhar seletivo acaba se impondo até mesmo ao olhar do intérprete "consciente". Para o observador, destacam-se alguns espaços produzidos (e seus lugares) e não outros. Novo exercício apresenta-se, e aqui a tarefa exige mais reflexão: apreender o significado da escolha do tema, do lugar que salta, destacando-se no olhar.

Falar dos lugares é falar da escala do olhar. A eletrônica das imagens permite o indiscreto *zoom* – algumas vezes com pouca luminosidade [...] A percepção acontece quando aproximamos o olhar do interior das relações humanas, chegando ao lugar das relações. Nesse sentido, buscar os lugares na paisagem impõe-se como exercício da metodologia escolhida, uma metodologia que parte dos espaços materializados ao longo do e no tempo, por meio do trabalho humano. Esses lugares ganham significações de ordem institucional, cultural, recreativa, dentre outras.

A dificuldade dos geógrafos, quase sempre acusados de generalizadores ou, ao contrário, de perderem-se nas descrições dos lugares, reside na dialética do lugar; pois o lugar é a síntese das relações sociais que o consolidam como lugar possível, das próprias relações que nele ocorrem e de novas relações sociais que estariam por vir. O espaço geográfico seria então a marca dos lugares, sua estampa, seu *design*, sua forma, sua estrutura e, ao mesmo tempo, a síntese do tempo do lugar enquanto perdurar a relação social que se opera no espaço, seja reproduzindo, seja criando novas experiências do devir humano. Portanto, o lugar social tem a infinitude finita da vida humana e dos envolvidos na relação social abriga ou que abrigará. Assim,

O olhar do geógrafo, sintético ou geral, perdido na imensidão da paisagem, começa a ganhar foco quando identifica os significados que os projetos políticos embutem no espaço geográfico, ganhando sua concretude no estudo dos lugares. [...] A dificuldade volta-se para a dinâmica das relações sociais, que se apressam em abandonar os lugares estudados, graças à temporalidade própria e perversa do período técnico-científico. Própria, no constante pulsar que os fluxos determinam. Perversa, porque constrói e reconstrói os lugares sem destruir os espaços produzidos, aparentemente congelados na paisagem, a não ser pela, às vezes não evidente aos olhos do intérprete, ação do tempo e da política, mediadora dos desejos (Ribeiro, 1994: 4).

O embate pela implementação dos desejos parece ser, na tradição ocidental, a ordem primeira da natureza humana. Nesse sentido, construir uma interpretação é atuar como agente social, é reproduzir os fatos com intencionalidade – uma intencionalidade objetiva, que os documentos permitem consolidar como verossímil, até que se diga o contrário. Num ambiente democrático, as diferenças devem servir à discussão.

A PERIODIZAÇÃO

A preocupação em periodizar partiu da percepção de que os eventos não se sucedem em uma ordem que lhes é inata. Ao contrário, ocorrem engendrados desde o seu nascimento, mesmo que sua articulação ocorra de maneira indeterminada. Na verdade, a indeterminação da história – no sentido das descontinuidades que movem o processo – marca as possibilidades que os agrupamentos sociais, voltados à implantação de seu projeto, construíram. A indeterminação existe no sentido de quais agrupamentos sociais sairão vencedores no embate de projetos, uma das características da dinâmica da história humana. Sendo assim, partimos do pressuposto que a história não é apenas uma sucessão de fatos, mas produto da articulação dos agentes envolvidos, ganhando a forma de construção humana a partir de projetos que vão se politizando ao longo de sua realização.

No que diz respeito à história, Santos comenta:

[...] nos é dado, a um só tempo, refazer a história, à medida que somos levados a olhar para o passado, segundo um critério coerente (Santos, 1988: 84).

Esse critério coerente ganha a forma de uma periodização. Daí a sua necessidade nos trabalhos de geografia. Ou seja, para apreender os mecanismos que repercutem na produção do espaço geográfico, [...] empiricizamos o tempo, tornando-o material, e desse modo o assimilamos ao espaço (Santos, 1994: 42).

O próximo passo é estabelecer referências que balizem a interpretação do passado, tomando dos fatos as testemunhas e obrigando-nos a defini-los. Mas quais são os fatos relevantes? Como devem ser arquitetados?

46

Para Santos, a saída está no estudo das técnicas, que

[...] nos dão a possibilidade de empirização do tempo e, de outro lado, a possibilidade de uma qualificação precisa da materialidade sobre a qual as sociedades humanas trabalham. Então, essa empirização pode ser a base de uma sistematização solidária com as características de cada época. Ao longo da história, as técnicas se dão como sistemas, diferentemente caracterizados (Santos, 1994: 42).

Além das técnicas, uma interpretação periodizada deve se consolidar a partir dos momentos de continuidade e de ruptura dos diversos projetos políticos que o tema abordado elenca. As rupturas são mais fáceis de se apreender, uma vez que podem indicar novos trilhos que se seguirão, pautando novas práticas sociais ou novas perspectivas na direção da implantação do projeto político.

A continuidade, por sua vez, exige maior atenção do investigador, pois ela se manifesta de maneira sutil e, o que é pior, pode aparecer travestida de ruptura. A continuidade é uma prerrogativa de quem vem sendo contemplado no processo político, seja como vencedor seja como coletor de benesses. Não há como entendê-la se esse dado for subtraído.

A distinção entre ruptura e continuidade não é simples. Tanto uma quanto outra podem ser tratadas individualmente, mas devem ser consideradas mutuamente. Essa é uma das dificuldades de se periodizar: separar as continuidades e rupturas analiticamente a fim de sintetizá-las na explicação.

Diante do exposto, a periodização tem o objetivo de:

[...] encontrar, através da História, seções de tempo em que, comandado por uma variável significativa, um conjunto de variáveis mantém um certo equilíbrio, uma certa forma de relações (Santos, 1985: 23).

Assim, periodizar é rearranjar o tempo. É também estabelecer uma escala temporal, de modo a construir fatos históricos relevantes que justifiquem rupturas, reformas e até mesmo continuidades disfarçadas de novidades. Nesse último caso, a ideologia desempenha um papel fundamental.

A periodização deve abarcar as continuidades e rupturas dos projetos que se configuraram na forma de espaço geográfico:

Ela não significa um apego aos acontecimentos ocorridos, pois isso seria um engano metodológico. Olhar para o passado apenas encadeando fatos é inferir situações. É uma ação interpretativa que pode passar longe dos acontecimentos efetivos. A medida correta de se olhar o passado é introjetar-se nas mensagens deixadas, pautando a cada instante o discurso interpretativo, numa constante recriação que tende a estabilizar-se quando atinge as intenções efetivas de quem deixou os vestígios; é encontrar os fatos, porém arquitetando-os, para, daí sim, articulá-los na forma de uma periodização (Ribeiro, 1994: 3-4).

Periodização e espaço geográfico

Na renovação da geografia, assistimos numerosos debates nos quais se afirma que o espaço não é apenas palco das relações, mas:

[...] *produto* da existência humana [...] [e] também *condição* e meio do processo de reprodução geral da sociedade (Carlos, 1988: 19).

Em nosso entendimento,

[...] o espaço produzido é um documento importante e o mais democrático, dada a sua grandeza. Mas não podemos cair na monumentalidade! É preciso apreender a intencionalidade que aquele espaço-documento revela. Sendo assim, periodizar é articular a geografia e a história, é considerar o trabalho como materialidade no espaço e objetividade no tempo, é apreender o espaço como documento e o tempo como expressão de projetos de vida dos agentes que tiveram a oportunidade de implementar o seu desejo. O arranjo que o espaço engendra tem no tempo a sua determinação. O tempo é a objetivação da vida, imaginado como consequência dos esforços na direção da implementação dos valores internos que um ser consciente pode vir a ter, podendo ser traduzido pelo ato de viver (ou de potência). Nesse sentido, entender o espaço como tempo materializado por meio do trabalho é entender que o trabalho media a relação da existência humana na medida do significado da vida, ainda que o trabalho tome diversas feições. Assim sendo, a determinação do tempo é imperiosa na porção ocidental do mundo. O tempo periodizado empresta a forma de duração à vida, abarca a história dos homens e das mulheres, mostrando os momentos de inflexão, de rupturas, de tensões. A periodização, embora sustentada nos fatos, não respeita um arranjo cronológico. Isso porque há uma inércia também das ideias, ou seja, elas não são operacionalizadas imediatamente, podendo inclusive alterar-se na trajetória que levaria à sua concretude. Assim, os períodos não podem ser definidos rigidamente. Eles exigem a flexibilidade que a maturação, o embate ou até mesmo uma inviabilidade conjuntural em torno do projeto demandam para sua realização (Ribeiro, 1994: 5).

A periodização ajuda a desvendar o tempo e o espaço daqueles que puderam operacionalizar seus projetos na forma de espaço geográfico. De posse deste instrumental, a árdua tarefa de identificar "[...] os momentos anteriores e [...] o lugar de encontro entre o passado e o futuro, mediante as relações sociais do presente que nele se realizam" (Santos, 1991: 7), atributos do espaço geográfico, fica menos difícil. Desse modo, pode-se pensar em edificar um novo espaço geográfico, produto de novas relações sociais.

A PERIODIZAÇÃO DESTE TRABALHO

Objetivamos demonstrar a ordem ambiental internacional e seus atores diante dos desafios e restrições apresentados pelos parâmetros ambientais. Nosso argumento central é o seguinte: a teoria da interdependência, apesar de difundida como a mais significativa para pautar a ação das unidades políticas na ordem ambiental internacional, não pode ser assumida integralmente para explicar o que ocorre nas discussões entre os países-membro, nas diversas etapas que integram a ordem ambiental internacional, que serão apresentadas a partir do próximo capítulo.

Apesar dos problemas ambientais repercutirem em escala mais ampla que a delimitada pelas fronteiras dos países, razão que leva muitos autores a empregar uma análise interdependente para fundamentar a ordem ambiental internacional, temos assistido à predominância de um paradigma que sustenta os interesses nacionais: o realismo político.

Na demonstração desse argumento, a periodização permitirá apreender as descontinuidades da ordem ambiental internacional.

Inicialmente, é preciso discutir a configuração dos países durante a Guerra Fria. Trata-se de um período histórico que permitiu a construção de uma ordem bipolar do mundo e que validou a tese do equilíbrio do poder, cuja matriz é o realismo político de Morgenthau, influenciado por Hobbes, como vimos no capítulo anterior.

Muitos analistas defendem que, com o final da Guerra Fria, se esgotaria a teoria do equilíbrio de poder, tendo em vista a predominância e a dominação de apenas uma superpotência[1]. Viveríamos, então, sob uma ordem única, a dos Estados Unidos, que sai vencedor da Guerra Fria. Nesta ordem predominam valores como democracia e economia de mercado, o que, para Fukuyama (1992), apontaria para o fim da história. Além disso, é comum encontrarmos postulações que entendem que a multipolaridade econômica, instalada com a emergência da Alemanha e do Japão, exige uma nova interpretação teórica.

Em que pese o surgimento de um mundo multipolar do ponto de vista econômico e financeiro, a ruptura do equilíbrio de poder afirmou uma potência militar, os Estados Unidos, que pode impor sua vontade a outros países. Numa palavra, um país que pode exercer sua hegemonia[2] em escala global, apesar de nos dois últimos eventos em que se envolveu – a guerra contra o Iraque e a invasão de Kosovo – ter de contar com outros parceiros para justificar as ações do Estado perante a sociedade norte-americana.

Quando adentramos, entretanto, no campo da diplomacia, esfera em que são elaborados os tratados internacionais sobre o ambiente, percebemos que existem países que aproveitam para fazer valer seus interesses nacionais, em que pese o fato de não disporem de equipamento militar em níveis competitivos suficientes para intimidar seus oponentes. Esta é, no nosso entender, a reafirmação do realismo político, um realismo que não precisa de armas, mas de argumentos e de capacidade para promover alianças até mesmo com setores não estatais, como é o caso do movimento ambientalista e de suas numerosas e ativas organizações e para impor sua premissa básica: a consignação dos interesses nacionais.

Chiappin (1994: 41), em trabalho no qual comenta as ideias de Huntington (1994), argumenta que as premissas do realismo político se mantêm com a existência de unidades políticas que mantenha relação [...]

Ora, se a base do realismo político está em Maquiavel e em Hobbes, como ressaltamos anteriormente, a perspectiva proposta por Chiappin é correta e nos permite ir além. Afirmamos que o realismo político tem sido a base de ação das unidades políticas nos diversos mecanismos engendrados pela ordem ambiental internacional, utilizada até mesmo por países inexpressivos militarmente. Demonstraremos que o comportamento das unidades políticas não obedece simplesmente a uma lógica do poder. As alianças são eventuais e variam para cada documento acordado. Muitas vezes, um país assina uma convenção, mas demora anos para ratificá-la – quando o faz – o que constitui outra evidência de que os interesses nacionais precisam ser contemplados nas negociações.

Não entendemos, entretanto, que o realismo político possa servir para a atual interpretação de todos os aspectos do sistema internacional. A vida hoje é extremamente complexa e as relações sociais que engendramos não podem ficar confinadas a uma única matriz teórica. Também não se pode cair no exagero do relativismo: a teoria da interdependência tem o mérito – que deve ser incorporado à formulação realista que postulamos – de reconhecer a presença de outros agentes operando no sistema internacional, em especial, os formadores de opinião pública, como as ONGs.

Em que a periodização pode contribuir de modo relevante para a explicação do que expusemos acima? E justamente por meio desse aporte metodológico que vamos apontar as tradições e as rupturas – as descontinuidades – que permitem entender os agentes e as posições assumidas pelos governantes das unidades políticas na formação da ordem ambiental internacional.

Iremos mostrar que os primeiros tratados internacionais foram criados para regular a ação das metrópoles imperialistas no continente africano. Foram elaborados, portanto, dentro de uma ordem pré-Guerra Fria. Depois, nos deteremos no período da Guerra Fria, época em que se destacam a atuação da ONU e de seus organismos internos, bem como as reuniões internacionais que eles realizaram. Por fim, no terceiro período, iremos destacar as convenções internacionais pós-Guerra Fria, destacaremos a CNUMAD, seus documentos e as reuniões que se seguiram a elas.

As tradições e as rupturas da ordem ambiental internacional ocorreram segundo um arranjo temporal, baseadas em eventos, em fatos históricos pretéritos que precisam ser ressaltados para que seja possível a elaboração de uma interpretação que permita sustentar a predominância dos interesses nacionais e da soberania entre seus integrantes – aspectos contemplados tanto nos documentos quanto na difícil negociação que envolveu vários tratados internacionais sobre o ambiente. Mais que isso: a complexidade de interesses e de atores envolvidos em cada tema ambiental discutido internacionalmente demonstra que os países comportam-se de maneira singular, reestruturando alianças para a garantia de sua soberania.

Passemos, então, à ordem ambiental internacional, iniciando pelos primeiros tratados internacionais.

NOTAS

[1] Existe uma polêmica em torno do final da Guerra Fria. Muitos autores, embasados em um fato histórico relevante, afirmam que ela acabou em novembro de 1989, com a queda do muro de Berlim. O fim do símbolo dos anos de chumbo e da cortina de ferro contentaria aqueles que, em nosso entendimento, apegam-se mais aos símbolos que às ideias. Para quem, ao contrário, busca entender os fenômenos internacionais, a Guerra Fria acabou com a desarticulação da URSS, confirmando a supremacia dos Estados Unidos. Porém, muitos acreditam que a secessão da Estônia, da Letônia e da Lituânia marcam a *debacle* da superpotência socialista. Entendemos que aquele movimento contribuiu para o desaparecimento da URSS, mas não consigna seu fim, que vai ocorrer em 1991. Também há os que acreditam que a Guerra Fria não terminou. Estes afirmam que o episódio ocorrido em 1999, em Kosovo, quando a Rússia tomou de assalto o aeroporto e exigiu participar das tropas de paz e da reconstrução do país, é uma evidência de que ela ainda continua viva no cenário internacional e, portanto, atuando de maneira a combater a hegemonia dos Estados Unidos e a influenciar outras áreas. Também é verdade que o início da Guerra Fria é polêmico. Muitos autores reconhecem que ela tem como ponto de partida o cerco a Berlim. Outros preferem a eclosão da revolução socialista na Rússia czarista, por entenderem que ali nascia a base de contestação de valores como mercado livre e democracia, defendidos pelo presidente Wilson dos Estados Unidos em seus pronunciamentos externos. Por fim, há aqueles que afirmam que ela teve início antes do final da Segunda Guerra Mundial e durou até 1948, época em que foi formulada a partilha das áreas de influência das superpotências. Para uma apresentação dos diferentes começos e finais da Guerra Fria, ver Brown (1997) e Ribeiro (2000). Para uma interpretação do período, ver Vesentini (1987) e Hobsbawn (1995).

[2] Empregamos o termo hegemonia no sentido de impor sua vontade a outro país, qualquer que seja o método empregado, como a coerção por meio da força ou a coerção econômica.

DOS PRIMEIROS TRATADOS À CONFERÊNCIA DE ESTOCOLMO

Discutir a temática ambiental do ponto de vista das relações internacionais remete-nos ao início do século XX, quando surgiram os primeiros acordos entre países. Eles nasceram da tentativa de conter a ação de colonos que chegavam às terras e destruíam sua base natural.

Os primeiros acordos internacionais não alcançaram seus objetivos. A devastação ambiental não foi contida. Somente com o Tratado Antártico – também discutido neste capítulo – que se conseguiu pela primeira vez a preservação de uma área da Terra a partir de um acordo internacional. Ele foi elaborado a partir da iniciativa de uma das superpotências do período da Guerra Fria e vigora até nossos dias. O Tratado Antártico foi criado sem a participação da ONU, muito embora o organismo internacional tenha discutido a temática ambiental desde os seus primórdios, como também será demonstrado.

O crescimento da importância da temática ambiental no cenário internacional foi acompanhado pela ONU. A Unicef, um de seus organismos de ação, passou a empregar parte de seus esforços para este fim, conseguindo construir um sistema de conservação ambiental que, apesar das dificuldades, está sendo implementado.

OS PRIMEIROS ACORDOS INTERNACIONAIS

As primeiras tentativas de se estabelecer tratados internacionais que regulassem a ação humana sobre o ambiente remontam a 1900[1]. A caça esportiva, amplamente praticada na Inglaterra pelos proprietários de terras, foi levada às colônias africanas. Os safáris são o maior exemplo de como esta prática foi difundida. Entretanto, os colonizadores, que não podiam caçar em seu país de origem por não possuir terras, exageraram em seus novos domínios, promovendo uma matança indiscriminada de animais e pássaros. Outro alvo dos caçadores foram os elefantes, nesse caso devido ao valor econômico do marfim.

A Coroa inglesa reagiu realizando, em 1900, em Londres, uma reunião internacional, com o objetivo de discutir a caça indiscriminada nas colônias africanas. Foram convidados a participar os países que possuíam terras no continente africano: Alemanha, Bélgica, França, Inglaterra, Itália e Portugal. O resultado desse encontro foi a Convenção para a Preservação de Animais, Pássaros e Peixes da África, que visava a conter o ímpeto dos caçadores e manter animais vivos para a prática da caça no futuro. Foram signatários daquele documento Alemanha, Congo Belga (atual República Democrática do Congo), França, Inglaterra, Itália e Portugal[2].

Dentre as principais medidas adotadas pela Convenção estava a elaboração de um calendário para a prática da caça. Inovador, o documento previa a proteção de animais, pássaros e peixes.

O segundo encontro internacional visando ao controle de seres vivos foi a Convenção para a Proteção dos Pássaros Úteis à Agricultura. O acordo firmado em 1902 por 12 países europeus protegia das espingardas de caçadores apenas os pássaros que, segundo o conhecimento da época, eram úteis às práticas agrícolas transportando sementes. Cabe destacar que a Inglaterra se recusou a participar do acordo.

Os resultados não foram satisfatórios. Poucos países respeitaram as determinações contidas nos documentos formulados e assinados. Isso levou a uma outra iniciativa da Inglaterra, que convocou os países que mantinham colônias na África para um novo encontro internacional, que ocorreu em Londres em 1933. Dessa vez, os resultados foram mais animadores, já que se conseguiu, pela primeira vez, elaborar um documento que almejava preservar não os animais individualmente, mas a fauna e a flora em seu conjunto. A Convenção para a Preservação da Fauna e da Flora em seu Estado Natural foi assinada pelas potências europeias que mantinham territórios na África e procurou estabelecer mecanismos de preservação de ambientes naturais na forma de parques, conforme o modelo adotado nos Estados Unidos.

O I Congresso Internacional para a Proteção da Natureza, realizado em Paris em 1923, foi outro momento considerado de destaque[3]. Na ocasião,

54

a preservação ambiental foi discutida. Além desse encontro, vários outros ocorreram, gerando um grande número de documentos, mas sem que se chegasse a bons resultados práticos. A simples decisão de evitar o extermínio de seres vivos não era suficiente para conter os seres humanos. Porém, um alento emergiu por ocasião do Tratado Antártico. Finalmente, um ambiente natural foi preservado como resultado de uma reunião internacional. Não se pode negar que esse documento inaugurou, por sua importância, a discussão referente às relações internacionais e ao ambiente no período da Guerra Fria.

O TRATADO ANTÁRTICO

O Tratado Antártico será analisado a partir da perspectiva da Guerra Fria. Veremos como as superpotências conseguiram entrar no grupo de países que discutem o futuro do continente gelado, marginalizando a Argentina e o Chile – os principais países que reivindicavam a soberania sobre o território da Antártida. Além disso, apresentaremos alguns princípios que foram utilizados para sustentar a reivindicação territorial de vários países por aquela porção do planeta.

Os onas, povo indígena que vivia no extremo sul da América do Sul e na ilha chamada Terra do Fogo[4], costumavam fazer incursões na Antártida, conforme indicam vários registros. Como eles viviam em uma área pertencente aos territórios do Chile e da Argentina, esses países reivindicaram o controle territorial da Antártida, utilizando como argumento o princípio da precedência de ocupação. Mas esse argumento, certamente o mais empregado nas disputas territoriais, de nada valeu para o Chile ou para a Argentina, que aceitaram a pressão das forças hegemônicas na época da Guerra Fria.

Em 1948, o Chile já cedia às pressões dos Estados Unidos e apresentava a Declaração Escudero, na qual propunha uma pausa de cinco anos nas discussões acerca da soberania sobre a Antártida. Esse documento surgiu em meio a uma batalha de argumentos, cada qual baseado em princípios distintos, empregados por vários países que reivindicavam a posse territorial de ao menos uma parte da Antártida.

Com base no Princípio da Proximidade Geográfica, reivindicavam soberania sobre a Antártida aqueles Estados-nações que se localizavam próximos ao continente antártico. Esse princípio excluía as duas superpotências emergentes do segundo pós-guerra de sua presença na Antártida e não logrou êxito.

O Princípio da Defrontação ou dos Setores Polares foi deixado de lado por interferência dos países do Hemisfério Norte. Ele definia a soberania a partir da projeção dos meridianos que tangenciassem os pontos extremos da costa de países que se encontram defronte da Antártida. A partir daí, se traçaria uma reta em direção ao centro do continente gelado, definindo a faixa territorial de domínio de um determinado país. A proximidade dos países do Hemisfério Sul dava a eles uma vantagem em relação aos países do Hemisfério Norte, levando à não aplicação deste princípio.

Outros princípios evocados nas discussões que envolveram a soberania sobre a Antártida foram o Princípio da Exploração Econômica e o Princípio da Segurança. O primeiro foi definido a partir da tradição dos países na exploração econômica da Antártida. Assim, por exemplo, a atividade pesqueira do Japão – que pesca krill e baleias na região – seria considerada na definição das fronteiras. Já o Princípio da Segurança aplica o argumento de que se deve evitar a qualquer custo um novo conflito em escala mundial, em especial na Antártida, onde as ações afetariam a dinâmica natural da Terra e teria, portanto, consequências catastróficas (Conti, 1984).

A presença das superpotências

A primeira reunião internacional que teve como pauta a Antártida foi a Conferência de Paris, realizada em 1955. Naquela ocasião, África do Sul, Argentina, Austrália, Bélgica, Chile, Estados Unidos, França, Inglaterra, Japão, Noruega, Nova Zelândia e URSS reuniram-se para discutir a edificação de uma base científica na Antártida. Essa possibilidade já havia sido aventada em 1945, mas não lograra êxito.

Como resultado da reunião de Paris, decidiu-se pela construção da base Amundsen-Scott pelos Estados Unidos. À outra potência da época, a URSS, coube a construção da base Vostok no Polo da Inacessibilidade. Assim, quase sem pedir licença, as superpotências instalaram-se no continente branco. A Guerra Fria chegava à Antártida.

Como ocorria em outras situações, a disputa entre os Estados Unidos e a URSS pela soberania Antártida foi dissimulada. Nesse caso, ela ganhou uma roupagem científica. Pouco tempo depois da reunião de Paris, o interesse por novas descobertas sobre a última região sem fronteiras da Terra foi utilizado como argumento para novos empreendimentos no continente antártico.

Com o objetivo de observar as explosões solares que ocorreram na segunda metade da década de 1950, os estudiosos do assunto optaram por instalar pontos de observação em alguns lugares da Terra, entre eles a Antártida, que foi apontada como o melhor local para a observação do fenômeno. Para registrar seu intento, os cientistas nomearam os trabalhos como o Ano Geofísico Internacional (AGI). Os trabalhos aconteceram durante 18 meses, entre 1957 e 1958.

Por ocasião do AGI, o governo dos Estados Unidos propôs – em abril de 1958 – um tratado para regularizar as ações antrópicas no continente branco. Como justificativa, apresentou a necessidade de realizar mais pesquisas para entender melhor a dinâmica natural naquela porção do mundo. As negociações promovidas pelos Estados Unidos resultaram no Tratado Antártico, que foi firmado em 1º de dezembro de 1959. Após ser ratificado pela África do Sul, Argentina, Austrália, Bélgica, Chile, Estados Unidos, França, Inglaterra, Japão, Noruega, Nova Zelândia e URSS, denominados membros consultivos, passou a ser aplicado[5], em 23 de junho de 1961.

Além dos países fundadores, foram incorporados ao Tratado Antártico a Alemanha Ocidental, a Alemanha Oriental (na época, o país ainda se encontrava dividido), o Brasil, a China, a Índia, a Itália, a Polônia e o Uruguai. Todos esses países participaram como membros consultivos. Anos mais tarde, outros países foram aceitos, porém sem o *status* de membros consultivos. São eles: Áustria, Bulgária, Coreia do Norte, Coreia do Sul, Cuba, Dinamarca, Equador, Espanha, Finlândia, Grécia, Holanda, Hungria, Nova Guiné, Papua, Peru, Romênia, Tchecoslováquia (antes de seu desdobramento em Eslováquia e República Tcheca) e Suécia.

Com o Tratado Antártico, estabeleceu-se o intercâmbio científico entre as bases instaladas na Antártida. Deixada de lado a polêmica da definição de fronteiras nacionais no continente gelado, a ocupação foi direcionada para a produção de conhecimento, instalando-se a infraestrutura necessária para tal intento. A troca de informações científicas procurava garantir uma "diplomacia Antártica", ao mesmo tempo que não se discutiam questões de ordem territorial ou de aproveitamento dos "recursos" a serem identificados e estudados cooperativamente.

A Antártida representa um dos casos que justificam a discussão da questão da soberania envolvendo a temática ambiental durante a Guerra Fria. Ao abrir mão, mesmo que temporariamente, da reivindicação da soberania territorial sobre a Antártida, o Chile iniciava uma ação que agradava sobremaneira os Estados Unidos. A *Declaração Escudero* representou uma abertura para que se iniciassem conversações sobre a ocupação daquela parte do mundo por países que não tinham argumentos para reivindicar soberania territorial sobre qualquer porção daquele ambiente natural. A capacidade de produzir conhecimento a partir de bases científicas instaladas na Antártida passou a ser a medida para integrar-se aos países que tiveram o direito de ocupá-la.

Esse precedente pode complicar a questão da soberania sobre a Antártida. Tanto a Argentina quanto o Chile, que tinham razões históricas para reivindicar a posse da Antártida, recuaram diante das superpotências e abriram uma possibilidade de os países que se encontram lá reivindicarem direitos territoriais. O último prazo para se iniciar a exploração científica acabou em 1991, quando, em uma reunião dos países envolvidos no Tratado Antártico que aconteceu em Madri, decidiu-se pela manutenção das regras vigentes, sem permitir, porém, o ingresso de novos países até mesmo para a realização de pesquisas. Na verdade, adiou-se a discussão referente à soberania do continente branco.

A segurança ambiental, tema recorrente quando se trata de preservação ambiental e que será discutida mais adiante, tem na Antártida sua expressão máxima. Conforme relata o cientista político Villa (1994), as consequências de uma exploração econômica sem conhecimento da dinâmica natural são imprevisíveis, podendo afetar todo o planeta. Esse é outro importante aspecto a ser considerado quando se analisa a Antártida.

A EMERGÊNCIA DA TEMÁTICA AMBIENTAL NA ONU

Apresentaremos aqui a ONU, destacando alguns de seus mecanismos internos de decisão e de ação. Além disso, discorreremos sobre o surgimento da preocupação em seus organismos com a temática ambiental.

As imagens dos horrores praticados durante a Segunda Guerra Mundial (1939-1945) – difundidas por fotografias dos campos de concentração e de cidades destruídas – abalaram a opinião pública internacional. Era preciso estabelecer mecanismos que evitassem a repetição daquelas cenas. Além disso, uma nova ordem internacional que contemplasse as aspirações das duas superpotências emergentes do conflito – os Estados Unidos e a URSS – tinha de ser construída.

Nesse contexto, foi criada a ONU, organismo que tem por objetivo central a manutenção da paz mundial. Sua história, porém, começa antes de 24 de outubro de 1945, data da assinatura do protocolo que a estabeleceu. Esse organismo internacional passou a coordenar a maior parte das iniciativas que resultaram na ordem ambiental internacional.

Apesar do descrédito inicial – resultado principalmente da experiência da Liga das Nações (1919-1939), que não conseguiu impedir a eclosão da Segunda Guerra Mundial –, os países aliados reuniram-se, em plena guerra, para discutir a necessidade de instituir um organismo internacional que pudesse regular as tensões mundiais. Em 12 de junho de 1941, assinaram uma declaração na qual se comprometiam a trabalhar em conjunto tanto em períodos de paz quanto de guerra. Pouco mais de um mês depois, em 14 de agosto, surgia a *Carta do Atlântico*, por meio da qual o presidente dos Estados Unidos, Franklin Roosevelt, e Winston Churchill, então primeiro ministro da Inglaterra, estabeleceram o princípio da cooperação internacional pela paz e pela segurança no planeta.

Em 1º de janeiro de 1942, 26 países aliados assinaram a Declaração das Nações Unidas, em Washington, Estados Unidos. Nesse documento,

58

foi empregada pela primeira vez a expressão Nações Unidas, que viria a ser usada anos mais tarde para designar a ONU. Por meio dele, os países reforçavam a intenção de estabelecer um organismo que instituísse procedimentos que viabilizassem a paz. Em 30 de outubro de 1943, dando prosseguimento à ideia de articular países para garantir a paz e a segurança mundiais, a China, os Estados Unidos, o Reino Unido e a União Soviética assinaram em Moscou, URSS, outro compromisso que reforçava aquela intenção.

Menos de dois anos depois, durante a Conferência de Yalta – realizada na Crimeia – antiga URSS – em fevereiro de 1945, Roosevelt, Churchill e Joseph Stalin, então secretário geral do Partido Comunista da URSS, anunciaram ao mundo sua decisão de criar uma organização de países voltada para a busca da paz. Entre 25 de abril e 25 de junho daquele ano, cinquenta países reuniram-se na Conferência de São Francisco, em São Francisco, Estados Unidos, e estabeleceram a criação da ONU.

Inicialmente, a ONU operou por intermédio de comissões econômicas e programas especiais desenvolvidos por suas agências. As primeiras agências tinham caráter regional, como a Comissão Econômica para a América Latina e o Caribe (Cepal). Elas desenvolviam estudos que visavam melhorar as condições de vida da população da região em que atuavam, mas foram muito criticadas devido ao fato de suas propostas não conseguirem mudar o cenário de desigualdade social presente em muitos países.

Os programas patrocinados pela ONU são variados e podem ser voltados para a educação de crianças, para a conservação do ambiente, para os direitos das minorias, para a melhor distribuição de alimentos no mundo com o objetivo de eliminar a fome, entre outros. Para cada um desses programas é definida uma sede, na qual trabalham técnicos e são realizadas as reuniões de especialistas de todas as partes do mundo.

Além de comissões econômicas regionais, a ONU conta com agências que estão voltadas para temas específicos, como a saúde e o trabalho, o que resultou em uma grande estrutura, acusada de ineficiente e de servir apenas como provedora de empregos para técnicos de vários países, em especial os países periféricos.

O Conselho de Segurança é o principal órgão da ONU. Ao contrário dos demais órgãos, que apenas recomendam aos governos que sigam suas orientações, as decisões aprovadas pelos membros do Conselho têm de ser implementadas pelos países signatários da Carta das Nações Unidas, que é assinada por eles quando ingressam na ONU. Dos mais de 180 países que fazem parte desse organismo internacional, somente 15 participam do Conselho de Segurança, sendo que dez são escolhidos pela Assembleia Geral a cada dois anos. Os demais países são a China, os Estados Unidos, a França, o Reino Unido e a Rússia (URSS na época de sua criação), que são os membros permanentes. Apenas esses cinco países têm o poder de vetar qualquer decisão do Conselho. Esse instrumento foi usado tanto pelos

Estados Unidos quanto pela então URSS durante a Guerra Fria, o que acabou por enfraquecer as decisões do Conselho de Segurança. Para uma medida ser aprovada, são necessários no mínimo nove votos.

O grande papel do Conselho de Segurança é discutir e posicionar-se sobre conflitos entre países. Entre as decisões que podem ser tomadas encontram-se a intervenção das Tropas de Paz da ONU em áreas beligerantes e o embargo econômico, no qual os países-membro são proibidos de manter relações comerciais com o país que sofre a sanção. Além disso, são atribuições do Conselho de Segurança, o estabelecimento de acordos de paz e decretação de zonas livres de conflito militar entre países em guerra, além da aprovação do ingresso de novos países. Como este é o órgão mais importante da ONU, muitos países desejam participar dele. Para tal, iniciaram um movimento que tem como objetivo alterar a sua composição, aumentando-se o total fixo de participantes, além de retirar o poder de veto dos membros permanentes. O Brasil integra esse grupo de países.

Outra esfera de decisão da ONU é a Assembleia Geral, que ocorre anualmente e conta com a participação de representantes de todos os países-membro. Nela, um novo país é reconhecido e aceito como membro a partir da indicação do Conselho e são tomadas decisões como a escolha da sede de conferências temáticas, por exemplo. Apesar de contar com maior participação de países que o Conselho, as decisões tomadas pela Assembleia acabam tendo menor impacto do que as da outra instância de decisão.

A ONU realiza Conferências internacionais para diversos assuntos, segundo deliberação de sua Assembleia Geral e/ou sugestão de um organismo ou programa multilateral. Nelas são estabelecidas declarações, nas quais as partes declaram princípios sobre os temas embora não estejam obrigadas a cumpri-los, e também Convenções Internacionais que passam a regular as ações entre as partes. As *Partes Signatárias* são aquelas que ingressaram no período em que o documento estava disponível para assinatura antes de entrar em vigor. Para que uma convenção possa ser aplicada, é necessário que um determinado número de partes a ratifiquem. Este número é definido para cada documento. Depois que um documento passa a valer, novas partes podem aderir a ele. Quando ocorre o ingresso, uma parte concorda com os termos definidos anteriormente, desde que a legislação nacional não obrigue o país a submeter o documento ao Congresso. Nesse caso, além de aderir, a parte deve ratificá-lo, pois ele não terá valor tanto internamente quanto perante os demais integrantes da Convenção Internacional. O mesmo pode ocorrer com uma *Parte Signatária*.

Quando a ONU foi criada, estavam entre as suas primeiras ações as que visavam a minimizar os aspectos capazes de desencadear conflitos entre países, como a falta de alimento ou o acesso a recursos naturais. Para o primeiro caso, foi instituída, em 1945, a FAO (Food and Agriculture Organization) – Organização das Nações Unidas para a Alimentação e a

Agricultura – com sede em Roma, Itália. O embrião das discussões ambientais da ONU surgiu na FAO.

Apesar de ter seu foco de ação na produção de alimentos – pois previa-se uma crise mundial de alimentos para 1947, devido à destruição de áreas agrícolas durante os anos de guerra – e depois na regulação de sua distribuição no mundo, a FAO também tratou da conservação dos recursos naturais, em especial dos solos tropicais e das áreas desmatadas para a extração de madeira. No início da década de 1950, seus dirigentes realizaram uma reunião internacional para discutir o uso do solo da Ásia. Nesse encontro, houve a indicação da pesquisa de solos e florestas tropicais como auxílio para o desenvolvimento do pequeno produtor dos países tropicais. A grande preocupação era a perda de solo, causada pela aceleração de processos erosivos decorrentes da retirada da cobertura vegetal natural. Outra linha de ação voltada para esse objetivo foram as conferências ocorridas entre 1947 e 1952. Nelas foram definidos planos de manejo florestal que objetivavam a exploração dos recursos vegetais sem a degradação do solo e a ameaça à reprodução das espécies. O ponto de maior destaque da atuação ambiental da FAO foi a elaboração, em 1981, da Carta Mundial do Solo que preconiza a conservação dos solos por meio do uso de técnicas inovadoras de cultivo.

Além da FAO, a Unesco (United Nations Educational, Scientific and Cultural Organization) – Organização das Nações Unidas para a Educação, Ciência e Cultura – também passou a discutir e a propor ações relacionadas ao ambiente.

A UNESCO

Vamos agora tratar da Unesco, apresentando um histórico de sua atuação voltados para os temas ambientais e comentar as visões de ciência e de técnica que predominaram na implementação de suas propostas. Além disso, destacaremos três reuniões internacionais organizadas por essa organização: a UNSCCUR (United Nations Scientific Conference on the Conservation and Utilization of Resources) – Conferência das Nações Unidas para a Conservação e Utilização dos Recursos; a Conferência da Biosfera; e a Conferência de Ramsar.

Fundada em 1946 e tendo como sede Paris, França, a Unesco foi, até a década de 1970, o principal organismo da ONU a abordar a questão ambiental. Tendo como meta promover o intercâmbio científico e tecnológico entre os países-membro e implementar programas de educação, a Unesco passou a encaminhar as demandas de organismos mistos – compostos por estados, grupos privados e ONGs – apoiando financeiramente as iniciativas da IUPN[6] (International Union for the Protection of Nature) – União Internacional para Proteção da Natureza – uma das mais antigas organizações conservacionistas do mundo, criada em 1948 em Fontainebleau, França.

O conservacionismo é uma das vertentes do ambientalismo. Seus seguidores atuam na busca do uso racional dos elementos dos ambientes naturais da Terra. Embasados no conhecimento científico e tecnológico dos sistemas naturais, eles defendem uma apropriação humana cautelosa dos recursos naturais, que respeite a capacidade de reprodução e/ou reposição natural das fontes dos recursos.

Os preservacionistas, por seu turno, radicalizam, propondo a intocabilidade dos sistemas naturais. Essa vertente do ambientalismo tem conseguido, por exemplo, implantar reservas ecológicas, defendendo a retirada da população que nelas vive, como ribeirinhos e indígenas e a moratória da pesca da baleia. O argumento preservacionista sustenta-se com maior facilidade quando existe a ameaça de extinção de uma espécie. A ação preservacionista em relação a uma espécie ameaçada de extinção representa a possibilidade de mantê-la no conjunto de seres vivos do planeta. As primeiras entidades preservacionistas surgiram nos Estados Unidos. Elas foram organizadas com o objetivo de instalar parques nacionais que abrigassem fauna, flora ou até mesmo locais de beleza cênica. O Parque Nacional de Yellowstone, em Wyoming, Estados Unidos, foi o primeiro a ser criado segundo essa orientação.

Esta vertente tem sustentado, entretanto, ações mais radicais, como o chamado terrorismo ecológico, que passou a atuar a partir da década de 1990. Os ativistas passaram à ação direta, destruindo plantações de organismos geneticamente modificados (OGM) e explodindo bombas em ícones da sociedade de consumo, como as redes internacionais de alimentos. Muitos preservacionistas afastaram-se da sociedade de consumo, fugindo do mundo urbano e constituindo comunidades alternativas, impulsionados pelo movimento da contracultura. Porém, à medida que os estudos indicavam que os problemas ambientais – como as mudanças climáticas ou o buraco na camada de ozônio – têm escala internacional, eles perceberam que não estavam abrigados em seus refúgios e que também poderiam sofrer as consequências daqueles problemas, mesmo habitando locais distantes dos grandes centros urbanos. Os terroristas verdes – também chamados pela literatura de ecologistas radicais ou profundos – passaram a agir contra aqueles que consideram os maiores responsáveis pela degradação ambiental do planeta.

E evidente que a Unesco não apoia as iniciativas dos ecologistas profundos. Suas ações, como veremos a seguir, embasam-se no conservacionismo.

A Conferência das Nações Unidas para a Conservação e Utilização dos Recursos

A primeira ação voltada para o temário ambiental de destaque da Unesco ocorreu em 1949, com a realização da UNSCCUR, em Lake Success, Estados Unidos, que contou com a participação de 49 países. Como se podia esperar, a grande ausente foi a URSS. Naqueles tempos, um encontro entre as duas superpotências no território de qualquer uma delas poderia dar a impressão de que o país visitante capitulava ante o outro.

A Unesco, em conjunto com a FAO, a WHU (World Health Organization), ou OMS (Organização Mundial de Saúde), e a OIT (International Labour Organization ou Organização Internacional do Trabalho), financiou a reunião que, segundo Mccormick (1992), teve um papel inovador quanto ao encaminhamento das discussões ambientais em escala internacional.

Dentre os resultados da UNSCCUR, podemos citar um diagnóstico da situação ambiental que tratava dos seguintes aspectos:

> [...] a crescente pressão sobre os recursos; a interdependência de recursos: uma análise das carências críticas de alimentos, florestas, animais e combustíveis; o desenvolvimento de novos recursos por meio de tecnologia aplicada: técnicas de recursos educacionais para países subdesenvolvidos; e o desenvolvimento integrado de bacias hidrográficas (Mccormick, 1992: 52-53).

Não se tinha a expectativa de elaborar durante a UNSCCUR recomendações e exigências aos países-membro da ONU. Buscava-se criar um ambiente de discussão acadêmica que pudesse indicar a direção a ser seguida pelos atores internacionais, dotando-os de um racionalismo conservacionista embasado no conhecimento científico disponível até aquele momento. A premissa científica como norteadora das diretrizes e políticas ambientais é uma referência que passará a ser frequente nas reuniões internacionais da ONU sobre o ambiente.

A Conferência da Biosfera

Foram necessárias quase duas décadas para que outra reunião internacional importante no que diz respeito à temática ambiental ocorresse. Ela teve lugar em Paris, em 1968, reunindo 64 países, 14 organizações intergovernamentais e 13 ONGs. Assim como na reunião anterior, um conjunto de organismos internacionais – Unesco, ONU, FAO, OMS, IUCN e o International Biological Programme[7] – disponibilizou recursos para financiar a Conferência Intergovernamental de Especialistas sobre as Bases Científicas para Uso e Conservação Racionais dos Recursos da Biosfera, conhecida mundialmente como Conferência da Biosfera.

Naquele encontro, foram discutidos os impactos ambientais causados na biosfera pela ação humana. O discurso cientificista dominou a reunião, na qual os temas sociais e políticos ficaram em segundo plano. Seu produto mais importante foi o programa interdisciplinar *O Homem e a Biosfera*[8] – criado em 1970 – que procurou reunir estudiosos dos sistemas naturais, a fim de estudarem as consequências das demandas econômicas em tais ambientes.

Os membros da Unesco deveriam criar comitês nacionais que coordenariam os trabalhos em cada país e propor temas de pesquisa. Em seguida, foi criado um Comitê de Coordenação[9], que definiu os objetivos do programa, listados abaixo:

a) Identificar e valorizar as mudanças na biosfera que resultem da atividade humana, e os efeitos dessas mudanças sobre o homem.

b) Estudar e comparar a estrutura, o funcionamento e a dinâmica dos ecossistemas naturais, modificados e protegidos.

c) Estudar e comparar a estrutura, o funcionamento e a dinâmica dos ecossistemas "naturais" e os processos socioeconômicos, especialmente o impacto das mudanças nas populações humanas e modelos de colonização desses sistemas.

d) Desenvolver sistemas e meios para medir as mudanças qualitativas e quantitativas no ambiente para estabelecer critérios científicos que sirvam de base para uma gestão racional dos recursos naturais, incluindo a proteção da natureza e para o estabelecimento de fatores de qualidade ambiental.

e) Ajudar a obter uma maior coerência global na investigação ambiental mediante:
1. O estabelecimento de métodos comparáveis, compatíveis e normatizados, para a aquisição e o processamento de dados ambientais;
2. A promoção de intercâmbio e transferência de conhecimentos sobre problemas ambientais.

f) Promover o desenvolvimento e aplicação da simulação e outras técnicas para a elaboração de ferramentas de gestão ambiental.

g) Promover a educação ambiental em seu mais amplo sentido por meio de:
1. Desenvolvimento de material de base, incluindo livros e complementos de ensino, para os programas educativos em todos os níveis;
2. Promoção do treinamento de especialistas das disciplinas apropriadas;
3. Acentuação da natureza interdisciplinar dos problemas ambientais;
4. Estímulo ao conhecimento global dos problemas ambientais através de meios públicos e outros meios de informação;
5. Promoção da ideia da realização pessoal do homem e sua associação com a natureza e de sua responsabilidade para com a mesma (Batisse, 1973).

Destacamos os itens *d, e, f* e *g* acima citados. No primeiro, a ciência emerge como provedora da solução para os problemas ambientais. A racionalidade seria o elemento central na busca de alternativas de desenvolvimento que permitissem a proteção do ambiente natural. Acreditando que o conhecimento científico poderia resolver os problemas da espécie humana, os cientistas envolveram-se na investigação da natureza, buscando criar uma nova medida para a ação antrópica na Terra. Essa medida passaria pelo conhecimento da dinâmica de um sistema natural, gerando teorias e tecnologias que embasariam a instrumentalização dos recursos naturais. Tornadas também um recurso para a reprodução ampliada do capital (Santos, 1996), a ciência e a tecnologia serviram como legitimadoras da exploração dos ambientes naturais, isto é, foram transformadas em uma ideologia (Habermas, 1989) que embasaria outro tipo de ambientalismo, o ecocapitalismo, expressão cunhada por Bosquet e Gorz (1978) e reafirmada pelo francês Dupuy (1980). Para os seguidores de tal vertente do ambientalismo, a ciência e a técnica podem trazer a redenção para os problemas humanos, assim como podem mover a reprodução do capital – se transformadas em seu bem mais valioso, o saber-fazer, que é comercializado, inclusive o saber-fazer ambiental ou ecologicamente correto, como ele tem sido chamado.

Como decorrência dessas visões sobre a ciência, a técnica e o ambientalismo. surge o capitalismo verde, que, em vez de preconizar alterações nos modos de produção que geram impactos, devastação ambiental e problemas de saúde, atua na direção de propor soluções técnicas para os problemas decorrentes da produção industrial em larga escala, abrindo, na verdade, novas oportunidades para a reprodução do capital. Dentre os novos negócios e oportunidades estão a venda de filtros de ar, de equipamentos para retenção e de tratamento de dejetos industriais e domiciliares, sofisticados sistemas de tratamento de esgotos entre inúmeros outros, como os que ficaram expostos em São Paulo na Feira de Produtos Tecnológicos para o Meio Ambiente – que ocorreu em paralelo à realização da CNUMAD no Rio de Janeiro, em 1992. O grande número de expositores dessa feira internacional já apontava que esse ramo do capitalismo estava em franco desenvolvimento.

O espírito científico – que marcou a ciência moderna desde seu início – tem na concepção de progresso uma de suas referências fundamentais. Ela é admitida como constituinte do modo de ser da espécie humana. Combinada com uma visão teleológica que baliza as ações humanas, gera um falso fatalismo: o de que o ser humano contemporâneo sempre disporá de novos conhecimentos para encaminhar as questões que se lhes apresentam na vida. Ontem o motor à explosão, hoje a biotecnologia e a eletrônica e amanhã será um novo dia [...]

Suprir as necessidades por meio do conhecimento científico e tecnológico passa a ser palavra de ordem, uma das máximas da civilização ocidental. Assim, conhecer o ambiente natural significa nutrir ainda mais a espécie humana de informações, possibilitando o acúmulo de conhecimento no estoque de informação necessário para a resolução dos problemas, que são recriados constantemente, apresentando outra roupagem. A teleologia da espécie humana imbuída do espírito moderno estaria contida neste ato: criar problemas, reproduzindo as soluções de modo a problematizá-las.

Assim, a "natureza" ou, como preferimos, o ambiente natural (Ribeiro, 1991) foi delimitado pela espécie humana, na cosmologia moderna, como exterior aos seres humanos, criando a ideia de um recurso disponível. Mas essa definição teve, para citar apenas um exemplo, uma outra concepção na Grécia Antiga. Naquele período da civilização ocidental, a "natureza" era apreendida como um todo que continha e articulava tudo, inclusive a espécie humana, como já discutiram vários autores (Casini, 1979; Collingwood, 1986; Leff, 1986; Gonçalves, 1989; Vesentini, 1989; e Ponting, 1994).

Ao longo da trajetória da espécie humana pertencente à civilização ocidental, o entendimento do ambiente modificou-se. Em nossos dias, ele é marcado pelo domínio científico-tecnológico alcançado e, principalmente, por um sistema de valores que compõem a sociedade de consumo de massa. Esse modo de olhar o ambiente foi empregado em todas as reuniões internacionais organizadas pela ONU.

A concepção de natureza hegemônica a define pela lógica de acumulação do capital. Nesse sentido, a natureza não existe como coisa primeira, essência das coisas e dos seres que compõem a Terra; ela é reproduzida na forma de ambiente natural, exterior à vida humana e dotada de atributos de ordem geomorfológica, vegetal, mineral, dependendo do enfoque que se deseje dar. Porém, a essas características são atribuídos valores de troca e de uso, como indicam Altvater (1995) e Moraes e Costa (1987) – os últimos discutindo o espaço geográfico.

No item *e*, expressa-se o objetivo de normatizar a coleta e a disponibilidade de dados ambientais como vital para a comparação das distintas situações encontradas nos países-membro. É evidente que as premissas científicas adotadas vieram dos países centrais, mais avançados no conhecimento dos ambientes naturais e que acabaram tendo sua visão de ciência e de natureza predominando em relação à dos demais integrantes do sistema internacional.

O item *f* destaca a possibilidade de se aplicar modelos explicativos à gestão ambiental. Tal iniciativa passou a ser muito empregada tanto na recuperação de áreas degradadas, com o objetivo de reconstituir a vegetação nativa, por exemplo, quanto na projeção de cenários para as mudanças climáticas globais. Em que pesem as inúmeras críticas feitas à aplicação de modelos matemáticos à formulação de políticas públicas, como as que apontam para um enquadramento da realidade em um sistema pré-concebido, eles continuam sendo amplamente utilizados.

No último item destacado, a educação ambiental é entendida como base para o desenvolvimento de uma compreensão dos problemas ambientais a partir de uma abordagem interdisciplinar. Este é um dos assuntos mais destacados pela Unesco, que realizou três reuniões internacionais sobre ele. Tais reuniões serão abordadas mais adiante.

Outro item a ser comentado refere-se ao que previa o treinamento de especialistas das disciplinas que trabalham com a temática ambiental. Como decorrência, surgiram vários programas de capacitação de pessoal que foram inicialmente financiados pelo Banco Mundial e depois pelo PNUMA, em especial para os países detentores de extensas áreas de ambiente natural. Tratava-se de iniciar um trabalho com o objetivo de desenvolver na população daqueles países uma consciência preservacionista e/ou conservacionista do ambiente. Porém, não assistimos a um esforço semelhante quando se trata da população dos países que praticam um modo de vida pautado pelo consumismo.

O objetivo central do programa *O Homem e a Biosfera* era promover a produção de mais conhecimento sobre a biosfera, catalisando a contribuição de especialistas dispersos pelos países-membro da ONU. É interessante observar que o comitê de organização adotou os grandes domínios vegetais do mundo como critério para regionalizar as pesquisas, todas voltadas à compreensão dos impactos da ação humana no ambiente e suas decorrências. Assim, foram feitos estudos que abordavam as formações florestais tropicais e subtropicais, a vegetação mediterrânea e temperada, a tundra entre outros ambientes. Além disso, foram incentivadas pesquisas sobre os impactos da atividade humana em ambientes lacustres e marinhos, em rios e na zona costeira, em áreas montanhosas e em ilhas, ou seja, tratava-se de se lançar a uma nova empreitada com o objetivo de conhecer os ambientes naturais da Terra, coordenando esforços que estavam dispersos.

Também foram listados como objetivos do programa a conservação de ambientes naturais, a avaliação do emprego de fertilizantes na agricultura e dos impactos das grandes obras de engenharia no ambiente (principalmente estradas e represas), a utilização da energia elétrica nos ambientes urbanos, o estudo das adaptações genéticas cansadas pelas mudanças ambientais e da percepção da qualidade ambiental pela população, respeitando a maneira como cada agrupamento humano entende a natureza e se relaciona com ela. Nessa segunda série de metas, os estudos estavam dirigidos para os ambientes produzidos.

Porém, a grande marca do programa *O Homem e a Biosfera* foram as chamadas *Reservas da Biosfera*, áreas de preservação ambiental distribuídas pelos países-membro da ONU, que deveriam apontar áreas que fossem de relevância ambiental em seu território, isto é, zonas que estivessem pouco alteradas, para que fosse estudada a dinâmica natural nelas presente.

Se os estudos preconizados não ocorreram na escala pretendida pelo comitê de organização, o que se deu em parte devido à pouca cooperação entre os países mais avançados em relação ao conhecimento dos ambientes e processos naturais e os que apenas detêm reservas naturais, ao menos as *Reservas da Biosfera* foram implantadas em várias partes do mundo por meio de ONGs ou dos raros programas de cooperação. Estima-se que as Reservas da Biosfera conseguem abranger pouco mais de 90% das espécies vegetais da Terra. Isso, porém, não garante a preservação ambiental, pois a maior parte delas encontra-se em países periféricos, que não conseguem mantê-las por falta de recursos.

Após a Conferência da Biosfera, uma série de reuniões internacionais foram organizadas para se discutir aspectos distintos da temática ambiental, buscando integrar a ordem ambiental internacional. A seguir, abordaremos algumas dessas reuniões, iniciando com a Convenção sobre Zonas Úmidas de Importância Internacional, que merece destaque pelo envolvimento do Brasil, já que nosso país está sob a influência do clima tropical úmido e, portanto, sujeito às determinações desta convenção.

A Conferência de Ramsar

A Convenção sobre Zonas Úmidas de Importância Internacional – especialmente como hábitat de aves aquáticas – conhecida como Convenção de Ramsar, foi uma das realizações de destaque da Unesco. Ela ocorreu em 1971, em Ramsar, Irã, e definiu, em seu Artigo 1, zonas úmidas como sendo as

> [...] áreas de pântano, charco, turfa ou água, natural ou artificial, permanente ou temporária, com água estagnada ou água corrente, doce, salobra ou salgada, incluindo áreas de água marítima com menos de seis metros de profundidade (São Paulo, 1997a: 12).

Tinha como objetivo central proteger os ambientes em que vivem os "pássaros ecologicamente dependentes das zonas úmidas". Para que isso ocorresse, cada parte contratante indicou áreas de seu território que atendiam às condições descritas no Artigo 1 da convenção, se comprometendo a conservar os ambientes e a explorá-los dentro de limites que não afetassem a reprodução das aves aquáticas (Artigo 3).

Cumpre destacar que o texto final reconheceu que "as aves aquáticas, em suas migrações periódicas, podem atravessar fronteiras e, portanto, devem ser consideradas como um recurso internacional", mas permitia às partes a "exploração racional da população migrante de aves aquáticas" em seu território, desde que ela não afetasse a reprodução das espécies.

Outro aspecto relevante determinado pela convenção foi a manutenção da soberania das partes nas áreas úmidas definidas para a conservação, conforme indica o Artigo 2. Esse artigo possibilita a alegação de soberania contra possíveis investidas das partes no território nacional de uma das partes, com o objetivo de manter as áreas úmidas, e permite "por motivo de interesse nacional urgente, anular ou restringir os limites das zonas úmidas" (São Paulo, 1997a: 13).

Essas premissas permitem afirmar que o texto final da Convenção de Ramsar encontra-se embasado na tradição do realismo político. Apesar de reconhecer um objetivo comum às partes, a convenção mantém a soberania como preceito vital de diálogo entre os acordantes. Esta é uma das evidências de que a ordem ambiental internacional é complexa e permeada de interesses. Apesar de se pautar em objetivos comuns, o que temos assistido, e que consiste na tese fundamental de nosso trabalho, é a predominância de interesses de cada parte, ora obtendo vantagens as partes mais frágeis ao cenário internacional ora obtendo a vitória as teses das potências hegemônicas.

Além do realismo político, elementos da teoria da interdependência global podem ser identificados no objetivo central da convenção, qual seja o reconhecimento da importância das áreas úmidas para a reprodução das aves aquáticas e o fato de que estas não respeitam os limites políticos quando migram e em estratégias de cooperação científica e técnica entre as partes.

Esses dois aspectos servem para ilustrar o fato de que a ordem ambiental internacional não pode ser enquadrada em apenas uma das teorias das relações internacionais contemporâneas. A complexidade dos temas, entremeados pela controvérsia científica, amparam interesses e as mais diversas alianças, indicando que as análises devem ser específicas, dirigidas a cada caso.

Mais um aspecto a ser comentado: a sede depositária da convenção ficou a cargo da UICN, conforme foi definido no Artigo 8. Curiosamente, coube a uma ONG a função de coordenar os trabalhos, já que ela "convocará as reuniões ordinárias da Conferência das Partes Contratantes em intervalos não maiores que três anos" (São Paulo, 1997a: 21), conforme foi incluído na revisão do Artigo 6, ocorrida na Conferência Extraordinária das Partes Contratantes, realizada em Paris em 1987.

A primeira reunião da Convenção sobre Zonas Úmidas de Importância Internacional ocorreu em plena Guerra Fria. O princípio da soberania dos participantes foi mantido, como ressaltamos. Entretanto, antes mesmo do final do período da bipolaridade, assistíamos à escolha de uma ONG como integrante da ordem ambiental internacional.

As Conferências sobre Educação Ambiental

A Unesco realizou, ainda, conferências sobre educação ambiental. A primeira delas ocorreu em Belgrado (Iugoslávia), em 1975, e recebeu o nome de Encontro de Belgrado. Nele foi elaborada a Carta de Belgrado, da qual destacamos os seguintes termos:

> As desigualdades entre pobres e ricos, e entre países, estão crescendo, e há evidências de crescente deterioração do ambiente físico, numa escala mundial. Essas condições, embora causadas por um número relativamente pequeno de países, afetam toda a humanidade. [...] Nós necessitamos de uma nova ética global – uma ética que promova atitudes e comportamentos para indivíduos e sociedades, que sejam consonantes com o lugar da humanidade dentro da biosfera: que reconheça e responda com sensibilidade às complexas e dinâmicas relações entre a humanidade e a natureza, e entre os povos. Mudanças significativas devem ocorrer em todas as nações do mundo para assegurar o tipo de desenvolvimento racional que será orientado por essa nova ideia global –

mudanças que serão direcionadas para uma distribuição equitativa dos recursos da Terra, e atender mais às necessidades dos povos (*IN*: Dias, 1992: 65).

Mais à frente, a educação ambiental é apontada como a alternativa para viabilizar o preconizado acima:

> [...] Governantes e planejadores podem ordenar mudanças, e novas abordagens de desenvolvimento podem melhorar as condições do mundo, mas tudo isso se constituirá em soluções de curto prazo se a juventude não receber um novo tipo de educação. [...] É dentro deste contexto que devem ser lançadas as fundações para um programa mundial de Educação Ambiental que possa tornar possível o desenvolvimento de novos conhecimentos e habilidades, valores e atitudes, visando a melhoria da qualidade ambiental e, efetivamente, a elevação da qualidade de vida para as gerações presentes e futuras (*IN:* Dias, 1992: 66).

Em 1977, em Tbilisi (Geórgia), ocorreu a Primeira Conferência Intergovernamental em Educação Ambiental. Dessa reunião surgiram os princípios da educação ambiental a serem aplicados dentre os quais identificamos a interdisciplinaridade, a prática pedagógica envolvendo o estudante em sua realidade, e "uma atenção particular deverá ser dada à compreensão das relações complexas entre o desenvolvimento socioeconômico e a melhoria do meio-ambiente, com vistas a possibilitar aos educandos tomarem atitudes diante dos impasses ambientais. Também se propunha uma prática ampla, mais abrangente que a escolar, voltada "a todos os grupos de idades e categorias profissionais".

Passados dez anos da Conferência de Tbilise, realizou-se, em uma iniciativa conjunta da Unesco, do PNUMA e da IUCN, o Congresso Internacional de Educação e Formação Ambientais, em Moscou (Rússia), em agosto de 1987. Deste evento, "saíram as estratégias internacionais para ações no campo da Educação Ambiental para a década de 1990" (*IN:* Dias, 1992: 89).

Neste capítulo, estudamos as primeiras etapas da ordem ambiental internacional. Apesar da inoperância dos primeiros documentos, o Tratado Antártico alcançou seus objetivos.

O problema surge quando analisamos a ONU. Das primeiras decisões – como os programas de conservação de solos – até as reuniões organizadas pela Unesco, pouco se avançou. Na verdade, a temática ambiental ganhará escopo institucional na ONU somente após a reunião de Estocolmo.

A realização da UNSCCUR, da Conferência da Biosfera, da Convenção de Ramsar e as reuniões organizadas para tratar da educação ambiental, envolveram poucos países e não conseguiram dar à população mundial visibilidade sobre a questão ambiental. Além disso se pautaram em temas que, apesar de afetar diretamente a vida humana, não indicavam riscos na escala que os estudos ambientais vão tornar pública nas décadas de 1980 e 1990. Pode-se afirmar, entretanto, que elas foram a base que permitiu a realização da Conferência sobre o Meio Ambiente Humano que ocorreu em Estocolmo em 1972.

NOTAS

[1] Anteriormente, a Igreja Católica já havia proposto a preservação de algumas espécies. Dado o domínio territorial que o papado possuía durante a Idade Média, a ação da Igreja acabou ganhando alguma relevância, o que contribuiu para se evitar a extinção de espécies que eram alvo de caçadas. Nos escritos sagrados encontram-se as justificativas tanto para o domínio da espécie humana na Terra quanto para a proteção das demais formas de vida. No primeiro caso, caberia ao homem reinar no planeta, já que é o único ser semelhante a Deus. A decisão de proteger animais decorreu do reconhecimento de que eles também têm direito à vida. Do contrário, Deus não os teria criado, argumentavam os que propunham a sobrevivência dos animais. Para uma interpretação das atitudes da Igreja em relação ao ambientalismo, ver Collingwood (1986) e Ponting (1994).

[2] Para uma interpretação deste período, ver Kennedy (1989).

[3] Para uma interpretação deste período, ver Hobsbawn (1995).

[4] A ilha localizada no extremo sul da América do Sul ganhou este nome devido às inúmeras fogueiras avistadas pelos navegadores que chegavam pelo oceano à noite.

[5] Capozoli (1991) apresenta uma detalhada descrição do processo que culminou no Tratado Antártico. Expõe também as trajetórias dos primeiros viajantes, em uma narrativa agradável e precisa.

[6] A IUPN foi criada com o objetivo de contribuir para a conservação da vida na Terra a partir da união de órgãos governamentais e não governamentais. Anos mais tarde, em 1956, ela passou a se chamar International Union for Conservation of Nature and Natural Resources (IUCN), até hoje uma das mais influentes e atuantes organizações ambientais do mundo, que realiza estudos e os divulga por intermédio de revistas e atlas voltados para o grande público. Além da IUCN, outro órgão misto destinado a gerar fundos para os problemas ambientais foi o World Wildlife Found (WWF), criado em 1960. Embora concebido para atrair recursos para a IUCN, ele passou a concorrer com ela, desenvolvendo projetos próprios. Como tinha entre seus mantenedores doadores ricos espalhados pelo mundo, a WWF ganhou mais espaço e visibilidade que IUCN e atua em vários países do mundo, financiando e implementando projetos conservacionistas.

[7] O International Biological Programme (IBP) foi criado em julho de 1964 passando a contar com a participação de biólogos de vários países do mundo. Sua meta era produzir informação sobre os sistemas naturais e registrar as transformações que eles sofriam em decorrência da ação humana, em especial devido aos grandes acidentes ecológicos, como a chuva ácida, o derramamento de petróleo nos oceanos, a deposição de metais pesados em cursos d'água etc. Um dos aspectos positivos da atuação do IBP, que se manteve até 1974, foi o intercâmbio entre pesquisadores de vários países do mundo. Além disso, foram editadas diversas publicações sobre ambientes até então pouco estudados, o que contribuiu para o avanço do conhecimento científico de processos naturais pouco conhecidos. Durante boa parte de sua existência, o IBP contou com o apoio da Unesco, que o integrou ao programa *O Homem e a Biosfera.*

[8] Não seria possível imaginar em nossos dias um programa internacional promovido pela ONU ou qualquer organismo vinculado a ela com este título. Certamente as feministas protestariam, afirmando tratar-se de um problema da humanidade e não de gênero, como o nome dado ao programa induz a pensar

[9] Este comitê contou com a participação dos seguintes países: Argentina, Austrália, Brasil, Chile, Estados Unidos, França, Índia, Indonésia, Irã, Iraque, Itália, Japão, Malásia, Nigéria, Nova Zelândia, Países Baixos, Reino Unido, República Árabe Unida, República Federal da Alemanha, Romênia, Suécia, Tchecoslováquia, Uganda e URSS.

A CONFERÊNCIA DE ESTOCOLMO

Neste capítulo discutiremos a Conferência de Estocolmo, o contexto em que ela foi organizada e os conceitos que a influenciaram, como o do crescimento zero, proposto no relatório do Clube de Roma (CR). Também abordaremos os principais aspectos discutidos na conferência: o controle da poluição do ar e do crescimento populacional, em especial nos países periféricos.

Discutiremos também suas principais conclusões, destacando a *Declaração de Estocolmo*, o Plano de Ação e o Programa das Nações Unidas para o Meio Ambiente ou United Nations Environment Programme (PNUMA), do qual fazemos um balanço, apontando as principais atividades desenvolvidas até a década de 1980. Depois desta data, as iniciativas mais relevantes do PNUMA confundem-se com as reuniões internacionais que serão vistas nos próximos capítulos.

A CONFERÊNCIA DE ESTOCOLMO

Foi a partir da indicação do Conselho Econômico Social das Nações Unidas ou United Nations Economic and Social Council (ECOSOC), em julho de 1968, que surgiu a ideia de organizar-se um encontro de países para criar formas de controlar a poluição do ar e a chuva ácida, dois dos problemas ambientais que mais inquietavam a população dos países centrais. Enviada à Assembleia Geral da ONU, a indicação foi aprovada em dezembro daquele ano. Na mesma reunião, definiu-se o ano de 1972 para sua realização. Estava nascendo a conferência que marcou o ambientalismo internacional e que inaugurava um novo ciclo nos estudos das relações internacionais.

A primeira grande conferência da ONU convocada especialmente para a discussão de problemas ambientais ocorreu em Estocolmo, Suécia, e foi denominada Conferência sobre Meio Ambiente Humano. Para organizá-la, foi constituída uma Comissão Preparatória da qual o Brasil participou por indicação da Assembleia Geral[1]. Esse grupo, composto por 27 países,

> [...] realizou quatro sessões. A primeira ocupou-se com a parte operativa e com a definição de como os estados-membro deveriam atuar; na segunda, foi adotada a agenda provisória e decidida a natureza do documento a ser assinado em 1972; [...] coube à terceira sessão examinar o progresso verificado na apreciação dos temas substantivos e apresentar o esboço da Declaração sobre o Meio Ambiente; a quarta sessão, realizada em março de 1972, ocupou-se da parte funcional da conferência, inclusive dos aspectos financeiros (Nascimento e Silva, 1995: 26).

Apesar da mobilização alcançada pela Comissão Preparatória, outros eventos exerceram maior influência sobre a Conferência de Estocolmo. A divulgação do relatório do Clube de Roma foi um deles, como veremos.

Outro evento foi a Mesa Redonda de Especialistas em Desenvolvimento e Meio Ambiente[2], realizada em Founex, Suíça, entre 4 e 12 de junho de 1971. Surgiu naquela reunião uma das teses discutidas em Estocolmo: o estabelecimento de medidas diferentes para países centrais e países periféricos que continua sendo empregado, como mostram as negociações relacionadas às mudanças climáticas globais. Além disso, como veremos no capítulo "A Conferência das Nações Unidas para o Meio Ambiente e o Desenvolvimento", em Founex foram lançadas as bases do conceito de desenvolvimento sustentável.

A decisão da Assembleia Geral da ONU em realizar a Conferência de Estocolmo decorreu da necessidade de discutir temas ambientais que poderiam gerar conflitos internacionais. Esse assunto reuniu em Estocolmo "113 países, 19 órgãos intergovernamentais e 400 outras organizações intragovernamentais e não governamentais" (Mccormick, 1992: 105). Os números indicam a inclusão da temática ambiental na pauta dos países. Porém, apenas dois chefes de Estado compareceram à reunião: Olof Palme e Indira Gandhi, representando respectivamente a Suécia e a Índia. A temática ambiental só entraria na agenda de políticos vinte anos mais tarde, quando da realização da CNUMAD, na qual registrou-se uma presença marcante de chefes de Estado.

Além da poluição atmosférica, foram tratadas a poluição da água e a do solo provenientes da industrialização, que avançava nos países até então fora do circuito da economia internacional. Neste aspecto, o objetivo foi elaborar estratégias para conter a poluição em suas várias manifestações.

Outro tema abordado pelos participantes da Conferência de Estocolmo foi a pressão que o crescimento demográfico exerce sobre os recursos naturais da Terra. O fim das reservas de petróleo, ponto central quando se aborda esse problema, era um fato já conhecido que só foi massificado com a crise, em 1973. Nesse contexto, propostas de se limitar o controle populacional e o crescimento econômico de países periféricos foram apreciadas, resultando em um intenso debate entre os zeristas e os desenvolvimentistas. Vejamos com mais vagar o tratamento dado a estes temas na Conferência de Estocolmo.

A poluição atmosférica

Ao longo do processo de industrialização, principalmente na Europa, cientistas começaram a observar a presença de elementos químicos em plantas. Isso despertava a curiosidade e levava ao questionamento das decorrências deste fato. Entretanto, a associação da poluição atmosférica[3] ao surgimento e/ou agravamento de problemas respiratórios na população só foi confirmada em 1930, quando por cinco dias consecutivos uma imensa e espessa nuvem de poluentes cobriu o vale do Rio Meuse na Bélgica, então uma área industrializada. Os hospitais registraram naquele período um grande aumento de casos de internação e consultas de pessoas com problemas relacionados ao aparelho respiratório. Suspeitando de que havia alguma relação entre a fumaça que recobria a área e o quadro de saúde da população, as autoridades resolveram suspender a produção industrial até que a nuvem poluidora se dispersasse. A melhoria das condições do ar foi paulatina e refletiu na redução das consultas aos serviços de saúde. A partir de então, passou-se a associar a emissão de resíduos industriais a problemas de saúde pública, em especial ao agravamento de doenças do aparelho respiratório na população afetada pelos resíduos.

O alerta ocorrido na Bélgica não foi suficiente para que medidas mais austeras fossem adotadas no sentido de controlar a poluição atmosférica. O drama vivido naquele país repetiu-se em cidades de outros países industrializados como, por exemplo, em Londres, em 1952. Naquela ocasião, o lançamento de material particulado e de gases tornou o ar da cidade extremamente poluído. Durante quatro dias, os hospitais foram ocupados pela população que reclamava de problemas no aparelho respiratório. Na semana seguinte, entretanto, viria o pior. Cerca de quatro mil mortes acima da média foram registradas, todas relacionadas a doenças no aparelho respiratório.

Esse quadro levou à adoção de medidas que buscavam conter a poluição e evitar que ela atingisse outros países, como ocorreu em 1979, ano em que foi assinada a Convenção sobre Poluição Transfronteinça; em 1985, ano da Convenção de Viena para a Proteção da Camada de Ozônio; e em 1987, ano em que foi firmado o Protocolo de Montreal sobre as Substâncias que Esgotam a Camada de Ozônio. Tais encontros serão abordados mais adiante.

Em Estocolmo, o problema da poluição foi abordado em dois itens da *Declaração das Nações Unidas sobre o Meio Ambiente: proclamações e princípios*, documento final que continha 26 princípios e que foi subscrito pelos países participantes. Os dois itens são:

> 6 - Deve-se pôr fim à descarga de substâncias tóxicas ou de outras matérias e a liberação de calor em quantidades ou concentrações tais que possam ser neutralizadas pelo meio ambiente, de modo a evitarem-se danos graves e irreparáveis aos ecossistemas. Deve ser apoiada a justa luta de todos os povos contra a poluição.
>
> 7 - Os países deverão adotar todas as medidas possíveis para impedir a poluição dos mares por substâncias que possam pôr em perigo a saúde do homem, prejudicar os recursos vivos e a vida marinha, causar danos às possibilidades recreativas ou interferir em outros usos legítimos do mar (*IN:* Nascimento e Silva, 1995: 163).

Esses princípios serviram para a criação de normas de controle da poluição marítima e da emissão de poluentes pelas indústrias, retomando o debate sobre a qualidade do ar nas grandes aglomerações urbano-industriais. Surgia também um novo e lucrativo negócio: a produção de filtros e de material de controle dos efluentes industriais, reafirmando o ecocapitalismo, anteriormente discutido.

No princípio 6, a assertiva "deve ser apoiada a justa luta de todos os povos contra a poluição" expressa uma leitura baseada na teoria da interdependência dos problemas gerados pela poluição. Segundo o texto final da Conferência de Estocolmo, a luta contra a poluição deve ser tratada como uma bandeira comum.

A geração da poluição também é tratada de maneira geral, sem o envolvimento de seus produtores diretos. A recomendação é "pôr fim à descarga de substâncias tóxicas ou de outras matérias e a liberação de calor", sem se citar os países responsáveis pela geração e emissão de material poluidor. No caso da poluição, todos os países mereceram o mesmo tratamento no texto final acordado. A distinção entre os países vai aparecer quando se tratar da polêmica entre a disponibilidade dos recursos naturais e o crescimento populacional.

População versus *recursos naturais?*

Além da poluição do ar, o crescimento populacional acabou interferindo nas discussões ocorridas em Estocolmo. Baseados em uma releitura das ideias de Malthus de que o crescimento populacional ocorre em escala maior que a produção de alimentos, o que levaria à luta por alimento, alguns autores propunham o controle populacional. Eles argumentavam que, considerando-se como parâmetro o estilo de vida da população dos Estados Unidos, os recursos naturais da Terra seriam insuficientes para prover a base material necessária à produção de alimentos para toda a população do planeta.

O Clube de Roma[4] foi o maior propagador dessas ideias, mas não estava sozinho nessa empreitada. Em conjunto com a Associação Potomac e o *Massachusets Institute of Technology*, produziu um relatório que influenciou sobremaneira as discussões ambientais, em especial as que ocorreram durante a Conferência de Estocolmo. Trata-se da publicação *Os limites para o crescimento* (Meadows, 1973).[5]

Apesar de reconhecerem que o modelo matemático empregado para se fazer as projeções que sustentavam suas conclusões "é, como todo outro modelo, imperfeito, supersimplificado e inacabado", os autores da obra afirmam que é

> [...] o modelo mais útil disponível para lidar com os problemas. [...] Pelo que sabemos, é o único modelo que existe cujo alcance é verdadeiramente global no seu escopo, com um horizonte de tempo maior que trinta anos e que inclui variáveis importantes como população, produção de alimentos e poluição não como entidades independentes, mas como elementos dinâmicos em interação, tal e como são no mundo real (Meadows, 1973: 18).

Foram elaborados, neste modelo, gráficos de curvas exponenciais para cada uma das variáveis envolvidas. Após analisar os resultados, o grupo de trabalho redigiu o seguinte diagnóstico:

> Uma vez que a produção industrial está crescendo a 7% ao ano e a população cresce somente a 2%, poderia parecer que os ciclos positivos de realimentação dominantes constituíssem motivo de regozijo. Uma simples extrapolação dessas taxas de crescimento sugeriria que o padrão material de vida da população mundial dobrará dentro dos próximos 14 anos. Tal conclusão, contudo, muitas vezes inclui a suposição implícita de que a crescente produção industrial do mundo seja equitativamente distribuída entre todos os cidadãos. A falácia dessa suposição pode ser avaliada quando se examinam as taxas de crescimento econômico *per capita* de algumas nações tomadas individualmente. A maior parte do crescimento industrial do mundo [...] está realmente ocorrendo nos países já industrializados, nos quais a taxa de crescimento da população é relativamente baixa (Meadows, 1973: 37).

Para eles, este fato confirma a máxima: "O rico torna-se mais rico e o pobre ganha filhos".

Em vez de analisar as razões que levam à concentração de riqueza, como a transferência de recursos para o pagamento da dívida externa, de lucros ou de *royalties*, eles acreditam que o problema decorreu da perda de equilíbrio entre o crescimento populacional e a taxa de mortalidade. A diminuição do segundo indicador resultou da melhoria das condições de vida da população, em especial da que vivia nas cidades.

A alternativa sugerida para eliminar essa distorção é lacônica:

Há somente dois modos de restaurar o desequilíbrio resultante: ou diminuir a taxa de natalidade, para que ela se iguale à nova taxa de mortalidade, mais baixa, ou deixar que esta última torne a subir (Meadows, 1973: 156).

Desta conclusão surgiram inúmeras políticas demográficas que foram implementadas em países como o Brasil, a Índia e o México com o objetivo de promover o controle populacional. Os mais diversos métodos contraceptivos – como a laqueadura de trompas e a distribuição de anticoncepcionais – foram empregados em vários países do mundo, com o patrocínio de diversos organismos internacionais.

Ao final do trabalho, o grupo expôs suas conclusões e recomendações, dentre as quais destacamos:

Estamos convencidos de que a compreensão das restrições quantitativas do meio ambiente mundial e das consequências trágicas de uma ultrapassagem dos limites é essencial para a iniciação de novas maneiras de pensar, as quais levarão a uma revisão fundamental do comportamento humano e, por associação, de toda a estrutura da sociedade contemporânea. [...]

Estamos mais convencidos de que a pressão demográfica no mundo já atingiu um nível tão alto e, principalmente, está distribuída de um modo tão desigual, que só isso deve forçar a humanidade a procurar um estado de equilíbrio em nosso planeta.

[...] Reconhecemos que o equilíbrio mundial somente poderá se tornar uma realidade caso o grupo dos chamados países em desenvolvimento tenha uma melhora substancial, tanto em termos absolutos como em relação às nações economicamente desenvolvidas: e afirmamos que este progresso só pode ser alcançado por meio de uma estratégia global. [...]

Apoiamos inequivocamente a alegação de que um freio imposto à espiral do crescimento demográfico e econômico não deve levar a um congelamento do *status quo* de desenvolvimento econômico de todas as nações do mundo. Se essa proposição fosse emitida pelas nações ricas, ela seria considerada um ato final de neocolonialismo. A obtenção de um estado harmonioso e global de equilíbrio econômico, social e ecológico deve constituir uma aventura conjunta, baseada em uma convicção comum, com benefício para todos (Meadows, 1973).

A influência dessas conclusões aparece nos princípios 15 e 16 da *Declaração das Nações Unidas sobre o Meio Ambiente: proclamações e princípios*, que são reproduzidos a seguir:

15- Deve-se aplicar a planificação aos agrupamentos humanos e à urbanização, tendo em mira evitar repercussões prejudiciais ao meio ambiente e à obtenção do máximo de benefícios sociais, econômicos e ambientais para todos. A esse respeito, devem ser abandonados os projetos destinados à dominação colonialista e racista.

16- Nas regiões em que exista o risco de que a taxa decrescimento demográfico ou as concentrações excessivas de população prejudiquem o meio ambiente ou o desenvolvimento, ou em que a baixa densidade de população possa impedir a melhoria do meio ambiente humano e obstar o desenvolvimento, deveriam ser aplicadas políticas demográficas que representassem os direitos humanos fundamentais e contassem com a aprovação dos governos interessados (*IN:* Nascimento e Silva, 1995: 164).

O teor dos textos é amplo, mas não ilude. A condenação do colonialismo racista expressa no item 15 é acompanhada da necessidade de planificação, ou seja, do controle populacional em áreas urbanas. Este último ponto é tratado de forma ainda mais explícita no item seguinte, que reconhece a possibilidade de introduzir políticas demográficas para equilibrar vazios e/ou áreas densamente povoadas.

As diferenças entre os países foram reconhecidas a partir de critérios técnicos, como o número de habitantes de uma área e a pressão que possa vir a exercer sobre os recursos naturais locais. Nenhuma palavra, entretanto, é utilizada no sentido de explicar tal desequilíbrio ou, mais que isso, de combatê-lo.

Crescimento versus desenvolvimento

No contexto acima descrito, duas teses capitanearam as discussões na reunião de Estocolmo: a do crescimento zero e a desenvolvimentista. De um lado tínhamos os que advogavam em favor de se barrar o crescimento econômico de base industrial e, portanto, poluidor e consumidor de recursos não renováveis; do outro lado estavam aqueles que reivindicavam o "desenvolvimento" trazido pela indústria. Novamente, os postulados do Relatório do Clube de Roma levantavam uma discussão política que envolvia os países.

Porém, novos atores participaram da reunião de 1972: as ONGs. A participação de tais organizações em Estocolmo indicou novos rumos para o ambientalismo, deixando claro que as mudanças ocorridas no ambientalismo ao longo dos anos 1970 merecem ser mais bem analisadas.

Até a Conferência de Estocolmo, as preocupações centrais do ambientalismo que ganhavam destaque mundial eram incipientes e focadas no pacifismo. A luta do movimento ambientalista internacional estava voltada para o desarmamento das superpotências, tendo em vista que se vivia o auge da Guerra Fria, momento histórico em que foram desenvolvidos artefatos bélicos com capacidade e volume de tal ordem que, se empregados, destruiriam o planeta. Não foram poucas as manifestações públicas de entidades ambientalistas contra o emprego de armas nucleares.

Outro ponto que despertava a atenção da opinião pública internacional era o temor de que ocorresse algum vazamento de radiação nuclear em usinas que processavam o urânio para gerar energia elétrica. Os acidentes de Three Miles Island, usina nuclear próxima a Middletown, na Pensilvânia, Estados Unidos, ocorridos em 1979, e de Chernobyl na Ucrânia, em 1986, confirmaram que esse medo não era infundado[6]. Este cenário mudou em 1973, com a crise do petróleo: pela primeira vez difundiu-se para o grande público a ideia da escassez de um recurso natural.

Outros grupos ambientalistas, porém, amparam-se no preservacionismo para propor uma ação radical: o abandono do modo de vida urbano-industrial. Pertencentes a essa corrente temos a chamada ecologia profunda ou radical, que possui seguidores nos Estados Unidos e na Europa. Como já dissemos, muitos ativistas desses grupos têm o mesmo partido para a ação direta, intervindo, por exemplo, em áreas de cultivo de material transgênico. Com o passar do tempo, eles perceberam que não bastava abandonar a cidade e o modo de vida urbano-industrial. A poluição do ar e da água, as mudanças climáticas globais ou mesmo a possibilidade de contágio por organismos geneticamente modificados rouba-lhes o paraíso. Era preciso agir. Como resultado, assistimos, já na década de 1990, a cenas de terrorismo ecológico nas quais ambientalistas detonam bombas em redes de alimentos de países centrais ou invadem e destroem plantações de organismos geneticamente modificados. O pacifismo é deixado de lado quando a palavra de ordem é a manutenção de um estilo de vida.

Em Estocolmo, as ONGs organizaram o *Miljöforum* (Fórum do Meio); que serviu de palco para suas reivindicações. Não houve unanimidade entre seus participantes, pois parte deles alegava que o fórum desviava a atenção da opinião pública para os temas que estavam sendo tratados na reunião oficial. Outros imaginavam estar influenciando os governos e exercendo pressão sobre aqueles que decidiriam o futuro ambiental do planeta.

Os grupos ambientalistas mais radicais usaram o fórum para protestar contra a pauta definida na reunião oficial, que restringia bastante a participação das ONGs. Elas foram proibidas de assistir às sessões, ficando à margem das discussões. Esses grupos alegavam também que temas que diziam respeito à segurança ambiental do planeta não estavam presentes no debate.

Este argumento apoiava uma leitura conservadora do ambientalismo que continua influenciando parte do movimento ambientalista. Para esse segmento, também influenciado pelas ideias difundidas pelo Clube de Roma, o maior problema ambiental decorre do aumento da população. Parte das ONGs aderiu às teses do crescimento zero.

Os países da periferia insurgiram-se contra esse argumento, pedindo o desenvolvimento, ainda que com ele viesse a poluição. Uma frase do representante do Brasil na ocasião é paradigmática deste projeto: "Venham (as indústrias) para o Brasil. Nós ainda não temos poluição"[7].

A posição desenvolvimentista saiu vencedora do embate de ideias. Ganharam os países periféricos, que puderam "desenvolver-se", isto é, receber investimentos diretos. Mas este ganho não se deu sem consequências ao ambiente. Ele corroborou a divisão internacional dos riscos técnicos do trabalho (Waldmann, 1992), que consiste na propagação de subsidiárias poluidoras de empresas transnacionais em países cuja legislação ambiental não impõe restrições. Os países periféricos ficaram com a parte suja do trabalho.

Em um contexto de Guerra Fria no qual as superpotências respeitavam-se mutuamente, assistimos a manifestação de seus satélites. Os países do bloco socialista que integravam o então Leste Europeu, à época área de influência da URSS, não participaram da Conferência em protesto contra a intenção das Nações Unidas de não dar voto e voz à então Alemanha Oriental. Se o argumento político era forte, também é verdade que o chamado Leste Europeu era a região mais industrializada do bloco socialista. A recusa de participar os livrava da adesão às normas de controle de poluição do ar e os liberava para continuar a poluir.

Mas o grande enfrentamento foi protagonizado pela China, que sinalizava sua intenção de ampliar sua influência sobre o cenário internacional. Apoiando a posição dos países periféricos, manifestou-se a favor da autonomia dos países em relação à adoção de restrições ambientais, tese que foi vitoriosa e está expressa no princípio 21 da declaração. Além disso, criticou duramente as formulações neomalthusianas e sugeriu que se apontasse como principal responsável pela degradação ambiental a política neocolonialista protagonizada pelos países centrais no texto da conferência. Apesar de não conseguir a inclusão desses aspectos na versão final da Declaração de Estocolmo, a China indicava que poderia firmar-se como uma das lideranças nas discussões ambientais.

A predominância do realismo político na Conferência de Estocolmo ficou evidente. A soberania dos países foi salvaguardada e venceu a tese de não controle externo em relação às políticas desenvolvimentistas que poderiam vir a ser praticadas por cada país. Entretanto, ainda que de maneira tímida, assistimos à participação das ONGs, que indicava a presença de novos atores no sistema internacional. Essa participação cresceu quanto ao desenvolvimento da ordem ambiental internacional, como veremos.

Além da Declaração, a Conferência de Estocolmo gerou um *Plano de Ação* que deveria ser implementado com o objetivo de operacionalizar os princípios contidos na Declaração. Nele foram listadas 109 recomendações para os países-membro das Nações Unidas versando sobre temas como poluição, avaliação ambiental, manejo dos recursos naturais e os impactos do modelo de desenvolvimento no ambiente "humano". Talvez devido à sua amplitude, praticamente o Plano de Ação ficou no plano das intenções.

Mas a mais relevante deliberação em Estocolmo foi a indicação, para a Assembleia Geral da ONU, da necessidade de se criar o PNUMA. Sua justificativa foi a necessidade de viabilizar o Plano de Ação. A institucionalização da temática ambiental nas Nações Unidas ampliava-se.

O PROGRAMA DAS NAÇÕES UNIDAS PARA O MEIO AMBIENTE

Estabelecido em dezembro de 1972 pela Assembleia Geral da ONU, o PNUMA passou a funcionar em 1973. Num primeiro momento, ele operava como um programa de ação voltado para a temática ambiental e ganhou aos poucos um peso institucional maior na ONU, embora ainda não tenha o prestígio de organismos como a Unesco ou a FAO. O PNUMA também coordena o Fundo Mundial para o Meio Ambiente – que conta com a contribuição de vários países filiados – sendo muitas vezes confundido com ele.

A criação do PNUMA não foi fácil. Os países periféricos eram contra, pois acreditavam que ele seria um instrumento utilizado para frear o desenvolvimento, impondo normas de controle ambiental adotadas pelos países centrais. Para eles, essa seria uma maneira de implementar o crescimento zero, que fora derrotado em Estocolmo.

Nada disso ocorreu. O PNUMA, entretanto, nasceu esvaziado e ganhou força com o passar dos anos.

A primeira discussão envolvendo o PNUMA foi em relação à sua sede. Os países centrais preferiam sua instalação em um país periférico, justificando que todos os organismos da ONU estavam sediados em países centrais do Hemisfério Norte e que era chegada a hora de mudar este quadro, distribuindo sedes pelo mundo. Desejavam, com isso, livrar-se das manifestações de ONGs. Os países periféricos, por outro lado, viam nessa localização uma ameaça ao seu próprio desenvolvimento e imaginavam que sofreriam um patrulhamento em suas atividades econômicas. Para as ONGs, a localização do PNUMA em um país fora do eixo do poder indicava o desprestígio da temática ambiental na ONU, além, obviamente – e isso era um argumento não confesso – do fato de ficar distante da mídia.

Após muita polêmica, a sede do PNUMA foi fixada em Nairobi, Quênia. Era um mau começo. Longe das atenções e dos recursos, o PNUMA ficaria relegado a um plano secundário. Este fato ficou evidenciado pelo tempo que se passou entre a determinação de sua sede, escolhida em 1973, e a sua instalação definitiva, 11 anos depois – apesar dos esforços de Maurice Strong, seu primeiro diretor executivo.

Para aplicar o Plano de Ação definido em Estocolmo foram criados:
- o Programa de Avaliação Ambiental Global – uma rede de informações destinadas a acompanhar o desenvolvimento de programas ambientais internacionais e nacionais;
- o Programa de Administração Ambiental – baseado na falta de determinação dos países em adotar medidas de conservação ambiental, o PNUMA buscaria implementar convenções e normas que os obrigassem a atuar buscando a conservação ambiental;

• Medidas de apoio – um amplo programa de capacitação de técnicos e professores com o objetivo de preparar pessoal para as práticas conservacionistas.

Apesar das dificuldades iniciais, o programa conseguiu aos poucos destacar-se no cenário internacional, realizando vários encontros. O Programa Regional dos Mares foi o primeiro deles[8],

> [...] reunindo 120 países e 14 órgãos da ONU para fazer frente a problemas compartilhados de poluição e degradação litorânea em mares comuns. [...] O PNUMA agiu como um catalisador inicial e, à medida que cada programa foi crescendo os próprios estados assumiram o financiamento e a administração e os organismos científicos nacionais empreenderam o trabalho de monitoração e pesquisa, utilizando os órgãos da ONU para consultoria especializada. Dessa forma, um organismo internacional estava reunindo várias nações em torno de um problema de interesse mútuo (Mccormick,1992: 120-121).

Outra iniciativa do PNUMA foi o Programa Earthwatch, que visava a coletar e divulgar informações sobre o ambiente. Cada país faria um relatório informando a situação nacional, para que se pudesse montar um Sistema de Monitoramento Global do Ambiente (SMGA), que acabou sendo criado em 1975 como parte do Earthwatch. O SMGA

> ligou centenas de organizações nacionais e internacionais, das quais as mais importantes foram a FAO, WHO, WMO, Unesco, IUCN e o Centro Mundial para a Conservação [...]. Em 1985, foi estabelecida a Base de Dados de Informação para Pesquisas Globais, que promoveu o uso de sistemas de informação geográfica para estudos ambientais (Tolba[9], 1992: 745).

Também constam das realizações da *Earthwatch* o Registro Internacional de Substâncias Químicas Potencialmente Tóxicas e o Sistema Internacional de Referência. O primeiro foi um levantamento das situações que poriam em risco o ambiente a partir da contaminação química e o segundo procurou organizar uma rede de informações ambientais entre países.

Se estas medidas alcançaram relativo sucesso, centralizando e disponibilizando informações ambientais mundialmente, a Conferência das Nações Unidas sobre Desertificação – que ocorreu em Nairobi em 1977 e foi a primeira iniciativa global do PNUMA – não obteve os mesmos resultados. Apesar de ter conseguido elaborar um Plano de Ação para Combate à Desertificação, a falta de envolvimento dos países, em especial quanto ao intercâmbio tecnológico destinado a evitar o aumento do problema, esvaziou os resultados da reunião. A maior prova disso foi a necessidade de se discutir novamente a desertificação em caráter internacional que culminou, em 1994, na Conferência das Nações Unidas para Combater a Desertificação nos Países Seriamente Afetados pela Seca e/ou Desertificação, em especial na África (CD), que será tratada no capítulo "A ordem ambiental mundial após a CNUMAD".

Em parceria com a IUCN e a WWF, o PNUMA elaborou a Estratégia Mundial para a Conservação, que tinha como objetivos centrais:

a) Manter os processos ecológicos essenciais [...].
b) Preservar a diversidade genética [...]
c) Assegurar o aproveitamento indefinido das espécies e dos ecossistemas (Tamames, 1985: 196).

A estratégia consistiu em um amplo programa de capacitação de pessoal, voltado para a definição de planos regionais e nacionais, que permitisse a leitura integrada dos problemas ambientais em escala global. Além disso, contou com um aporte financeiro razoável – obtido principalmente pela WWF – o que atraiu governos de todo o mundo. Eles passaram a seguir os passos "sugeridos" pela estratégia para a conservação ambiental, que indicava, entre outras coisas, a instalação de programas de educação ambiental e a mudança da legislação ambiental – com base em uma visão conservacionista dos recursos naturais.

Com o passar dos anos, surgia uma inquietação na comunidade ambientalista internacional. ONGs e lideranças voltadas para a temática queriam realizar um balanço das realizações do PNUMA e, ao mesmo tempo, do Plano de Ação traçado em Estocolmo. Para isso, foi organizado um novo evento internacional que ficou conhecido como a Conferência de Nairobi.

A Conferência de Nairobi

Sede do PNUMA, Nairobi sediou, em maio de 1982, uma conferência internacional que avaliaria a atuação do programa. Na ocasião, elaborou-se um novo diagnóstico da situação ambiental mundial. Desta vez, porém, tinha-se Estocolmo como referência, tendo permitido uma comparação de resultado desalentador. Ambientalmente falando, o mundo estava pior do que em 1972.

Inicialmente avaliou-se o que fora implementado a partir do Plano de Ação e confirmou-se o já sabido: muito pouco tornou-se realidade. O plano foi transformado em exercício retórico.

Mas não foi só isso. A máxima de que a pobreza é a maior fonte de degradação ambiental, divulgada em Estocolmo, foi reafirmada com todas as letras. Mais uma vez os pobres e seu estilo de vida eram responsabilizados pela devastação de ambientes naturais. Segundo essa visão, em países periféricos o crescimento populacional ocorre principalmente em áreas rurais, o que leva os novos habitantes a ocuparem os ambientes naturais protegidos à sua devastação.

Mais uma vez foi poupado de críticas o estilo de vida opulento e consumista da sociedade de consumo. Pouco foi dito sobre o excesso de consumo de combustíveis fósseis pela população dos países centrais e sobre as consequências ambientais deste fato para o planeta. Aliás, em 1982, a discussão ambiental internacional ainda estava voltada para a poluição e suas consequências para a saúde da população. Temas como as mudanças climáticas globais seriam introduzidos na pauta internacional mais adiante. Como essas preocupações estavam ausentes da pauta de discussão, nada podia salvar este novo diagnóstico da situação ambiental do planeta. Ficou-se com a impressão de que a Conferência de Nairobi foi realizada para dizer o mesmo que foi dito em Estocolmo – ainda que com mais ênfase – e justificar a reivindicação da ampliação dos recursos humanos e financeiros, que eram bastante escassos no PNUMA.

No documento final da reunião – a Declaração de Nairobi – os participantes reconheciam o fracasso do PNUMA e de suas estratégias, ao escrever:

> A comunidade mundial de Estados [...] expressa sua profunda preocupação pelo estado atual do meio ambiente mundial e reconhece a necessidade urgente de intensificar os esforços em nível mundial, regional e nacional para protegê-lo e melhorá-lo [...].
> [...] o Plano de Ação só se cumpriu parcialmente e seus resultados não podem ser considerados satisfatórios para a causa, sobretudo, da inadequada compreensão dos benefícios a longo prazo da proteção ambiental, da inadequada coordenação de enfoques e esforços, da falta de disponibilidade de recursos e da distribuição desigual destes. Por essas razões, o Plano de Ação não teve repercussão suficiente na comunidade internacional (*IN:* Tamames, 1985: 253-54).

Entre as soluções apresentadas na Declaração de Nairobi, preconizou-se, entre outras coisas que:

> [...] uma metodologia ampla e regionalmente integrada [...] pode conduzir a um desenvolvimento socioeconômico ambientalmente racional e durável.
> [...] os países desenvolvidos e outros países em condições de fazê-lo poderiam ajudar as nações em desenvolvimento [...] em seus esforços internos em combater os problemas ambientais mais graves. O emprego de técnicas apropriadas, sobretudo originadas em outros países em desenvolvimento, poderia tornar compatíveis o progresso econômico e social com a conservação dos recursos naturais (*IN:* Tamames, 1985: 254-55).

Na primeira frase lê-se claramente um dos princípios do desenvolvimento sustentável que será discutido mais adiante, qual seja a busca de um desenvolvimento econômico e social duradouro. Também aqui não há novidade, pois este conceito já havia sido esboçado na *Declaração de Coyococ*, México, redigida em reunião realizada em outubro de 1974. Naquele documento, o ecodesenvolvimento foi expresso como a busca de uma "relação harmoniosa entre a sociedade e o seu meio ambiente natural [...] conectado ao de autodependência local" (*IN:* Leff, 1994: 319).

Em outro trecho da *Declaração de Nairobi*, proclama-se pela ajuda aos países periféricos, ponto que é insistentemente lembrado nos documentos resultantes das reuniões da ordem ambiental internacional. Nesse caso, entretanto, existe uma novidade: reconhece-se que as técnicas desenvolvidas e aplicadas por países periféricos devem ser difundidas entre eles, o que demonstra que a simples importação de pacotes tecnológicos estaria longe de resolver os problemas ambientais dos países de baixa renda.

As críticas mais duras e diretas à falta de ação do PNUMA estão presentes na *Mensagem de Apoio à Vida*, declaração redigida pelas ONGs reunidas em Nairobi. Representantes de 55 países encontraram-se e discutiram uma pauta alternativa durante a realização da reunião oficial. Do resultado deste trabalho, destacamos o que segue:

> [...] Nunca existiu um momento da história em que uma mudança de direção se faz tão presente quanto agora. Não podemos fechar nossos olhos diante da contínua degradação do meio ambiente. O atual processo de desenvolvimento, no Norte e no Sul, no Leste e no Oeste, em todas as partes, nos coloca diante dos mesmos perigos, que constituem a causa fundamental da degradação do meio ambiente *(IN:* Tamames, 1985: 275).

Neste trecho inicial do documento das ONGs vê-se uma clara acepção interdependente da temática ambiental. Para os seguidores desta premissa, estaríamos todos diante do mesmo perigo: uma degradação do ambiente tamanha que afetaria a todos e que teria uma causa comum: o modelo de desenvolvimento adotado nos quatro cantos da Terra.

Mas mesmo as ONGs mantiveram o argumento que responsabiliza os países periféricos pela degradação ambiental, embora reconheçam que o estilo de vida dos países centrais também causa impactos ambientais relevantes.

> No tempo em que os pobres não têm satisfeitas suas necessidades humanas de água potável, serviços sanitários, alimentos, combustível e moradia, as taxas de natalidade continuam sendo altas, favorecendo o crescimento da população. O aumento contínuo do consumo *per capita* nas nações desenvolvidas e o rápido incremento da população mundial originam uma pressão cada vez maior sobre os recursos alimentícios e dificultam nossos esforços para lograr um desenvolvimento sustentável (*IN:* Tamames, 1985: 277).

Mais adiante, encontramos a seguinte passagem:

> O processo atual ataca a todos os componentes do meio ambiente natural, desde os pássaros, as baleias e as árvores até os seres humanos. *A degradação ambiental e a injustiça social são, como a conservação e o desenvolvimento, as duas faces de uma mesma moeda.*
> *A cultura uniforme do alto consumo, que faz ricos a uns poucos e pobres a muitos, deve ser alterada para criar as condições políticas, econômicas, tecnológicas e espirituais que estimulem a coexistência de uma multiplicidade de culturas e seu consequente crescimento. Os problemas do meio ambiente não se resolverão somente com medidas tecnológicas, ainda que sejam necessárias novas tecnologias ambiental e socialmente sensatas, assim como outras mudanças sociais e políticas relevantes* (*IN:* Tamames, 1985: 278) (o grifo é nosso).

O trecho anterior convida à reflexão todos aqueles que não acreditam na utopia transformadora do ambientalismo. O direito à diferença, uma premissa pós-moderna para alguns (Guattari, 1987), estaria salvaguardado no manifesto das ONGs. Mas seus representantes avançaram, reconhecendo que mudanças sociais e políticas são fundamentais para se chegar a um quadro social e ambiental mais justo.

Acoplar injustiça social à degradação ambiental também é uma novidade que merece ser destacada. Se há uma contradição entre este trecho e o anterior, que reconhece a pobreza como parte responsável pela degradação ambiental, ela tem de ser analisada em um contexto político. As diferenças entre as ONGs são enormes, como já comentamos. Para se chegar a um texto político como a *Mensagem de Apoio à Vida* em uma reunião que reuniu ONGs de vários países, seria preciso fazer algumas concessões. Até o caráter religioso, uma das matrizes do ambientalismo, aparece no texto. Apesar dessas dificuldades, as críticas ao modelo de desenvolvimento econômico são contundentes e não deixam dúvidas quanto à necessidade de se alterar o modo de vida hegemônico.

Este aspecto pode ser ilustrado na seguinte passagem:

> A criação de uma alternativa representa um importante desafio intelectual e político: elaborar e articular um novo tipo de desenvolvimento. Não se pode seguir definindo o desenvolvimento como um simples aumento do consumo e produção de bens materiais e serviços. Ele deve ser definido como um processo que permite aos indivíduos, comunidades e governos o resgate de seus direitos e de suas capacidades para decidir seu próprio futuro. A liberdade para escolher o estilo de vida pessoal de acordo com a cultura, os valores tradicionais e as necessidades sociais é essencial (*IN:* Tamames, 1985: 278).

Também são as ONGs que trazem ao debate os problemas ambientais em escala mundial, embutindo uma dura crítica à ONU e aos governos:

> [...] existem problemas urgentes tais como a modificação do clima, os danos causados à atmosfera e o aumento de substâncias tóxicas e radioativas persistentes. Estas ameaças, resultantes da introdução de tecnologias ecologicamente perigosas, têm uma dimensão verdadeiramente global, e sua solução não pode ser alcançada por nenhum governo atuando de maneira isolada. Mais precisamente, no momento em que os problemas do meio ambiente global requerem uma ação coordenada e de ampla visão em uma escala sem precedentes, a confiança nas Nações Unidas, em seus organismos especializados e em outras instituições internacionais está em franca regressão (*IN:* Tamames, 1985: 279).

A crítica à ONU prossegue, desta vez com dados bastante objetivos:

> Os governos do mundo têm a agência da ONU que merecem. Têm contribuído com apenas 30 milhões de dólares para o Fundo para o Meio Ambiente, ou seja, menos do que se gasta a cada meia hora em armamentos. Não têm promovido de maneira

consistente as prioridades do PNUMA em outras agências da ONU. Têm autorizado uma Secretaria de menos de 200 pessoas, inferior em número ao pessoal de várias ONGs individualmente consideradas. Delegaram uma grande quantidade de tarefas sem garantir os meios para sua execução (*IN:* Tamames, 1985: 283).

Apesar das duras críticas feitas ao PNUMA, ele cresceu e envolve muitas áreas. O desenvolvimento de suas ações concentra-se na capacitação de pessoal e na elaboração de políticas nacionais voltadas para a implementação das convenções internacionais que promove.

Neste capítulo, vimos que a Conferência de Estocolmo conseguiu envolver muitos países a discutir pontos importantes como a poluição atmosférica e a gestão dos recursos naturais. Ela foi também palco de uma luta entre as teorias desenvolvimentistas e a teoria do crescimento zero, que acabou derrotada. Seu plano de ação não logrou êxito, e a Declaração de Estocolmo ainda hoje é lembrada como uma importante declaração de princípios que também não levou a resultados práticos. A decisão de maior destaque, como ressaltamos, foi a criação do PNUMA.

O saldo das ações do PNUMA – não muito positivo – talvez possa ser justificado pelo mau começo e pela falta de recursos humanos e financeiros, como algumas ONGs apontaram na Conferência de Nairobi. Outros, como Mccormick (1992), advogam que o problema é organizacional, pois o programa deveria atuar como articulador de uma série de organismos da ONU e não dispõe de poder nem tem condições materiais e financeiras para isso. Há ainda os que culpam a localização de sua sede em um país fora do circuito mundial das grandes decisões, como Adams (1996: 359) e parte das ONGs.

Discordamos dessas interpretações; no nosso entender, o esvaziamento do PNUMA corrobora o argumento central já defendido. Um organismo multilateral constituído de poder e de condições de atuar em relação a seus afiliados levaria a uma perda de autonomia e de soberania. Sendo assim, como salvaguardar os interesses nacionais? Seria muito difícil.

Por isso, a história do PNUMA transcorreu como apresentamos acima. Ele foi criado para atender a uma pressão emergente, principalmente de algumas ONGs, e acabou não conseguindo exercer uma função que poderia e que dele se esperava por decisão dos gestores do sistema das Nações Unidas, ou seja, pelos membros com poder de veto do Conselho de Segurança, que atuam a partir de seus próprios interesses, baseados no realismo político. O PNUMA é um produto do paradigma da Guerra Fria. Com o passar dos anos, tomou emprestados postulados da teoria da interdependência, o que melhorou parcialmente seu desempenho. Desde a localização de sua sede até as ações que conseguiu implementar em sua primeira década de operação, tudo leva a crer que ele foi construído para não funcionar como uma instância supranacional, tomando parte da soberania de suas partes.

Apesar das dificuldades, o PNUMA sobrevive e conseguiu reunir um volume de recursos e de atores que não pode ser desprezado. Ele também participa do Global Environmental Facility (GEF) – fonte de cobiça de inúmeras ONGs e países com problemas e potenciais ambientais – em parceria com o Banco Mundial e o Programa das Nações Unidas para o Desenvolvimento. Além disso, com a *Agenda 21*, um dos documentos provenientes das discussões da CNUMAD, teve sua importância ampliada, pois foi designado mais uma vez como o responsável pela implementação das ações que nela constam.

Sob seus auspícios foram realizadas muitas rodadas da ordem ambiental internacional. Apesar de ter nascido esvaziado e sem poder, acreditamos que suas realizações foram inúmeras e alcançaram objetivos relevantes.

Após a criação do PNUMA, vimos que outros organismos da ONU, em especial a Unesco, deixaram as questões ambientais em segundo plano. A presença de um órgão específico inibiu a iniciativa dos demais em relação ao assunto.

O PNUMA foi a maior realização da Conferência de Estocolmo. Ele passou a catalisar as demandas da área e foi alvo de duras críticas, promovidas sobretudo pelas ONGs, que acusaram seus dirigentes de inoperantes politicamente – tendo em vista que não conseguiram angariar recursos humanos e financeiros em quantidade necessária para implementar o *Plano de Ação*, como ocorreu na Conferência de Nairobi.

Apesar das críticas – que são oportunas – não é possível esquecer que o PNUMA envolveu-se com a maior parte das reuniões internacionais organizadas no seio da ONU a partir da década de 1980, como veremos no próximo capítulo, no qual apresentamos as principais reuniões da ordem ambiental internacional ocorridas antes da CNUMAD.

NOTAS

[1] Nascimento e Silva (1995) apresenta uma análise das posições defendidas pelo Brasil durante a Conferência de Estocolmo.

[2] Maurice Strong, empresário canadense envolvido em vários ramos de atividades econômicas, incluindo o setor petrolífero, emergiu como liderança na área ambiental nesta reunião. Ele foi seu organizador, sendo depois indicado Secretário Geral da Conferência de Estocolmo, cargo que ocupou também na Conferência do Rio. Ele foi, ainda, o primeiro diretor executivo do PNUMA (Mccormick, 1992: 101). Após a Conferência do Rio, surgiram rumores de sua intenção de ser indicado para Secretário-Geral da ONU, fato que não se concretizou.

[3] A poluição atmosférica é causada, fundamentalmente, pela emissão de gases resultantes de processos industriais e da queima de combustível fóssil, como o carvão vegetal e o gás natural empregados em usinas termoelétricas ou em indústrias para movimentar caldeiras; e os derivados de petróleo, principalmente o óleo diesel e a gasolina, empregados em motores a explosão que movimentam, também, veículos em áreas urbanas.

[4] O Clube de Roma nasceu da ideia de Aurelio Peccei, industrial italiano que reuniu em 1968, um grupo de trinta pessoas de dez países – cientistas, educadores, economistas, humanistas, industriais e funcionários públicos de nível nacional e internacional [...] para discutir [...] os dilemas atuais e futuros do homem" (Meadows, 1973: 9-10). Entre seus objetivos estava o de produzir um diagnóstico da situação mundial e apontar alternativas para os líderes mundiais.

[5] *Os limites para o crescimento* é analisado criticamente por Tamames (1985), que analisou também vários outros documentos produzidos pelo Clube de Roma. Este autor condena o artificialismo dos modelos matemáticos, que não dariam conta de conter todos os elementos da realidade. Antes dele, um grupo de pesquisadores da Universidade de Sussex, Grã-Bretanha, criticou as limitações dos modelos matemáticos empregados pelos formuladores do Relatório do Clube de Roma e foi além, ao apontar a pobreza como causa fundamental a ser combatida. Para eles, com o crescimento zero, as diferenças regionais e de riqueza se perpetuariam (Mccormick, 1992: 92).

[6] Em Three Miles Island – por razões ainda não divulgadas –, o sistema elétrico deixou de funcionar, causando o aquecimento do reator e o aumento de sua pressão interna. Além disso, o sistema de válvulas de segurança também falhou, impedindo a vazão automática dos gases, até que a pressão retornasse aos indicadores normais. Como resultado desta série de acontecimentos, a radiação acabou escapando para a atmosfera e afetando diretamente cerca de 20 mil pessoas que moravam nas proximidades, acarretando em doenças como câncer e leucemia. Já em Chernobyl, além da morte imediata de trinta pessoas, a população local, estimada em cem mil pessoas, foi afetada. Pior que isso: o transporte da radiação pelos ventos espalhou os problemas, que chegaram até o centro do continente europeu, contaminando também produtos agrícolas e animais que seriam usados como alimento. Consta que até o Brasil chegou a receber um navio cargueiro carregado com leite em pó contaminado. Outro episódio ocorreu em 30 de setembro de 1999 nas instalações nucleares da JCO Company Ltd., uma subsidiária do grupo Sumitomo Metal Mining Co. Ltd., em Tokai, Japão. Na ocasião, a solução de urânio resultante do processamento foi depositada em excesso em um dos tanques destinados a abrigar esse refugo, gerando o primeiro acidente nuclear crítico no Japão. Como decorrência, foi preciso utilizar água fria para impedir a explosão do referido tanque e o aumento da área sujeita à contaminação. Apesar de ter conseguido evitar o explosão, houve o contágio dos operadores e de parte da população da região. Em 1987, tivemos no Brasil um episódio que resultou na contaminação por radiação nuclear de algumas pessoas em Goiânia, Goiás. Sem saber do que se tratava, manipularam em um ferro-velho uma peça de um equipamento hospitalar que continha Césio 137.

[7] Os problemas decorrentes da poluição atmosférica, intensificaram-se no Brasil a partir da década de 1970. O caso mais divulgado no mundo todo ocorreu em Cubatão, São Paulo, onde se desenvolveu um dos mais importantes polos petroquímicos do país devido à presença da Refinaria Presidente Bernardes. A ausência de controle ambiental gerou vários problemas de saúde na população, principalmente no período entre 1970 e meados da década de 1980. Casos de bronquite e de asma eram comuns entre os habitantes do entorno das indústrias. Mas a consequência de maior impacto junto à opinião pública internacional foi o elevado número de bebês que nasciam com anencefalia (ausência de cérebro). Estudos indicaram que a aspiração de gases e de material particulado expelidos pelas indústrias afetavam o desenvolvimento dos fetos. Como medida contra o problema foram criadas severas leis que impuseram a adoção de filtros e monitoramento dos gases lançados na atmosfera pelas indústrias, o que, em parte, amenizou o problema.

Outras localidades também registram índices preocupantes de poluição do ar, como a Grande São Paulo. Nesse caso, a concentração industrial – em especial no chamado ABC e em São Paulo – além da elevada concentração de veículos automotores (ônibus, caminhões e principalmente carros, devido à priorização pelos governantes do desenvolvimento de um sistema de transporte que incentivou o transporte individual), levou as autoridades estaduais a propor um sistema que restringe a circulação de carros quando os índices de poluição atingem proporções que afetam ainda mais a qualidade de vida da população. Houve épocas em que o rodízio de automóveis, como ficou conhecido, vigorou nos meses de maio a setembro, período em que as temperaturas mais baixas dificultam a dispersão da poluição do ar. Com o rodízio, os carros foram proibidos de circular no período que ia das 7h às 20h em um dia da semana, conforme o final da placa. Apesar da adesão da população, em parte certamente devido às pesadas multas para quem não respeitasse o rodízio, ele foi suspenso em 1999, com a alegação de que havia ocorrido uma renovação na frota, levando a uma diminuição da poluição, pois os carros novos são mais econômicos e consomem menos combustível que os mais velhos, além de virem de fábricas com sistemas de controle e filtragem dos gases resultantes da combustão nos motores. O rodízio só seria implementado quando a poluição atingisse índices elevados, o que foi muito criticado, pois a população certamente seria afetada pelas más condições do ar. A prefeitura do município de São Paulo aproveitou-se da ideia e criou o rodízio de veículos para diminuir o tráfego na área central expandida da cidade.

[8] Nascimento e Silva (1995) e Moraes (1999) comentam os compromissos internacionais do Brasil em relação aos oceanos.

[9] Mostafak Tolba foi o segundo diretor executivo do PNUMA. Especialista em microbiologia da Universidade do Cairo, chefiou a delegação do Egito em Estocolmo (Mccormick, 1992: 117).

DE ESTOCOLMO À RIO-92

Com a criação do PNUMA, houve um incremento na ordem ambiental internacional com um desenvolvimento da abordagem de temas ambientais. Outros fatores, entretanto, devem ser considerados para se explicar essa série de novas reuniões, como o aumento do conhecimento científico sobre as alterações na atmosfera, em especial sobre a camada de ozônio. Além disso, após a Conferência de Estocolmo, as ONGs passaram a exercer uma ação mais contundente e a mobilizar a opinião pública internacional para os temas ambientais. Na década de 1980, suas reivindicações estavam focadas na preservação de espécies ameaçadas de extinção e no controle da poluição do ar e suas consequências na atmosfera.

Esse quadro estimulou a organização de eventos importantes que estruturaram o sistema internacional no que diz respeito à temática ambiental. Entre eles, veremos a Convenção sobre Comércio Internacional de Espécies da Flora e Fauna Selvagens em Perigo de Extinção (Cites), a Convenção sobre Poluição Transfronteiriça de Longo Alcance (CPT), a Convenção de Viena para a Proteção da Camada de Ozônio (CV), o Protocolo de Montreal sobre Substâncias que Destroem a Camada de Ozônio (PM) e a Convenção da Basileia sobre o Controle de Movimentos Transfronteiriços de Resíduos Perigosos e seu Depósito (CTR).

A CONVENÇÃO SOBRE COMÉRCIO INTERNACIONAL DE ESPÉCIES DE FLORA E FAUNA SELVAGENS EM PERIGO DE EXTINÇÃO

Aparentemente, a ideia de preservar espécies ameaçadas de extinção é uma demonstração de consciência ambiental e de respeito à pluralidade de manifestações da vida no planeta. Esses pontos devem ser considerados quando se discute a preservação ambiental, mas não são suficientes para se entender o problema.

Um aspecto que deve ser trazido à discussão é o da reserva de valor que as espécies vivas representam. Diante dos avanços alcançados em campos como a engenharia genética e a biotecnologia – principalmente ao longo da década de 1990, como veremos mais adiante – cada ser vivo passa a ser um recurso natural. Na verdade, as espécies vivas passam a ser vistas como portadoras de informação genética capaz de, seguramente manipulada, resolver necessidades humanas.

Essa interpretação, embora presente, não foi a de mais destaque na discussão da Cites. O principal argumento na época era o valor comercial das espécies, em especial as consideradas exóticas; fator que estava levando muitas delas à extinção. Segundo Elliott,

> Os valores do comércio legal de animais selvagens é estimado entre US$ 5 bilhões e US$ 17 bilhões por ano. O valor do comércio ilegal é bem mais difícil de determinar, mas estimativas de agências do governo dos Estados Unidos projetam em US$ 100 milhões o comércio de animais e plantas apenas nos Estados Unidos. [...] A Interpol estima que o comércio ilegal é da ordem de US$ 5 bilhões anuais (Elliott, 1998: 30-31).

A Cites representa uma tentativa de impedir a continuidade deste quadro[1], buscando controlar as espécies ameaçadas de extinção, proibindo sua venda. Realizada em Washington, Estados Unidos, em março de 1973, a convenção passou a vigorar a partir de julho de 1975, 90 dias após o décimo registro de ratificação.

Constam do texto três anexos que discriminam as espécies impedidas de ser comercializadas (aquelas que estão em extinção), as que correm risco de entrar em extinção e as que exigem algum cuidado especial na sua manipulação. A lista de espécies não é fixa e pode ser alterada segundo a recuperação ou a degradação ambiental e os avanços do conhecimento sobre as espécies.

A Cites está voltada para uma ampla gama de seres vivos – em seus anexos, as espécies estão agrupadas em fauna e flora. A reunião das partes, que ocorre a cada dois anos, tem garantido agilidade a esta convenção. Desse modo, tão logo os estudos gerados por uma comissão especial designada

94

pelas partes indiquem a possibilidade de uma espécie ser extinta, ela torna-se passível de ser incluída na lista de proibição de comércio.

As discussões mais acaloradas decorreram do fato de os países periféricos se recusarem a aceitar as normas de controle de venda de produtos derivados de animais e/ou plantas que constam nos anexos. Esse grupo de países ficou impossibilitado de exercer sua soberania, em função dos "interesses mais amplos" da coletividade ambientalista. Também não receberam nenhuma ajuda – seja na forma de cooperação técnica ou a fundo perdido – para manterem os estoques de informação genética destinados ao uso futuro. Não se verifica, entretanto, nos países ricos a mesma disposição em cooperar, por exemplo, reduzindo a emissão de gases que intensificam o efeito estufa, quando eles são os maiores responsáveis. Essa é uma das "encruzilhadas da ordem ambiental internacional", para tomar emprestado um título usado pelo sociólogo Santos (1994a).

O texto da Cites apresenta em seu artigo XIV o pleno direito ao exercício da soberania pelas partes. Elas podem adotar

a) medidas internas mais rígidas com referência às condições de comércio, captura, posse ou transporte de espécies incluídas nos anexos I, II e III ou proibi-los inteiramente; ou,
b) medidas internas que restrinjam ou proíbam o comércio, a captura ou o transporte de espécies não incluídas nos anexos I, II e III (São Paulo, 1997b: 27).

Esta autonomia garantiu, como mostra o mapa 3^2 uma ampla mas paulatina adesão à Cites. Em 1985, 87 países a integravam (Mccormick, 1992: 176). Este número passou para 115 em 1992, ano de realização da CNUMAD atingindo, no final de 1999, 146^3.

Os mandamentos do realismo político foram aplicados às negociações da Cites que foi realizada na época da Guerra Fria. Os países mais poderosos e ricos impuseram facilmente sua vontade aos demais integrantes.

A CONVENÇÃO SOBRE POLUIÇÃO TRANSFRONTEIRIÇA DE LONGO ALCANCE

No século XIX, estudos já indicavam uma relação entre a atividade industrial e a migração da poluição. Robert Smith, químico inglês, foi o primeiro a empregar o termo "chuva ácida". Ele relacionou "a queima de carvão, a direção dos ventos, a corrosão e os danos da acidez à vegetação" (Mccormick, 1992: 181).

No final da década de 1960, Svante Oden, cientista sueco, divulgava um trabalho em que demonstrava a contaminação de lagos pela chuva ácida nos países escandinavos (Elliott, 1998: 38). Vários outros trabalhos científicos realizados por países que recebiam a carga poluidora de seus vizinhos foram divulgados. As principais áreas de chuva ácida no mundo concentram-se no Hemisfério Norte, em especial na Europa, nos Estados Unidos, no Canadá, no Japão, na China e na Índia. Ao sul do Equador, as áreas mais afetadas são a América do Sul, em sua porção leste, no eixo Buenos Aires-São Paulo, e à oeste entre o Peru e o Equador, além de outros pontos localizados na faixa atlântica africana e na Indonésia.

A insatisfação, em especial dos países escandinavos que recebiam a carga de poluentes de seus vizinhos do sul mais industrializados, levou a Noruega e a Suécia a reivindicarem à Organização para a Cooperação Econômica e Desenvolvimento (OCDE) a formação de um grupo de estudos referentes à poluição transfronteiriça. A partir dos relatórios divulgados por esse grupo de pesquisa, houve a convocação, em 1979, para a Convenção sobre Poluição Transfronteiriça de Longo Alcance (CPT). Ela ocorreu em Genebra e passou a vigorar a partir de 1983. Inicialmente, seu campo de ação foi circunscrito aos membros da Comissão Econômica Europeia das Nações Unidas, passando em seguida a envolver outros países, como os da América do Norte. Países como a China e o Japão, altamente poluidores, não firmaram este acordo. No final de 1999, 44 países o integravam[4].

O objetivo deste documento foi estabelecer metas de redução da poluição do ar, levando os participantes a criar programas que permitissem alcançá-las. Como os integrantes da convenção são responsáveis por cerca de 80% da contaminação mundial pelo enxofre, ela foi muito comemorada, principalmente entre os ambientalistas.

O entusiasmo, porém, durou poucos anos. Em 1985, reunidos em Helsinque, Finlândia, os participantes da CPT decidiram diminuir em 30% a emissão de óxidos sulfúricos (SO_2)[5] – tendo como base para avaliar a queda o total emitido em 1980. Esse documento ficou conhecido como Protocolo de Helsinque para a Redução das Emissões de Enxofre e entrou em vigor em setembro de 1987. No entanto, a recusa dos Estados Unidos, do Reino Unido e da Polônia em seguir a determinação do Protocolo acabou por esvaziar de propósito seus conteúdos; além de tornar-se outra evidência de uma prática realista, considerando-se o fato de terem aceitado participar do escopo geral que formatou a redução de substâncias nocivas à saúde humana na atmosfera. Esta atitude, principalmente com relação aos Estados Unidos, tornar-se-á recorrente nos próximos tratados internacionais.

Em outra rodada da CPT, firmou-se mais um protocolo. Ele ficou conhecido como Protocolo dos Nitrogenados (NO_x)[6]. Dessa vez, a reunião ocorreu em Sofia, Bulgária, em 1988, e decidiu-se pelo congelamento das emissões de NO_x aos níveis de 1987, tendo como data-limite para os participantes atingirem este objetivo o ano de 1995. No caso dos integrantes da Comissão Econômica Europeia das Nações Unidas, a meta foi ainda mais ousada: baixar em até 30% as emissões de NO_x até 1998, tendo também como parâmetro o total emitido em 1987. Este protocolo passou a vigorar em fevereiro de 1991.

Em 1991, reunidos em Genebra, os participantes da CPT decidiram que seus membros deveriam reduzir em 30% as emissões de compostos orgânicos[7] até o final de 1999. Esta decisão só passou a vigorar em setembro de 1997. Dos protocolos que integram a CPT, tornou-se o que mais provocou declarações de países. Cada parte integrante apresentou uma data como base para efetuar a redução em 30% da emissão de compostos orgânicos. O Canadá, por exemplo, decidiu pelo ano de 1988; a Dinamarca, por 1985; e os Estados Unidos, por 1984.

Em 1994, houve a revisão do Protocolo de Helsinque em nova rodada da CPT, desta vez em Oslo, Noruega, quando ficou acordado que, em vez de se estabelecer uma diminuição percentual comum às partes, cada uma delas teria uma cota de redução própria. Este índice seria estabelecido em função das condições geográficas de cada parte – considerando dinâmica atmosférica e altitude – e da capacidade técnica de controlar as emissões. Este documento entrou em vigor em agosto de 1998.

Em 1998, reunidas em Aarhus, Dinamarca, as partes firmaram novo protocolo envolvendo a CPT. Trata-se de um documento que visa a redução de metais pesados.

O jogo das relações políticas foi mais equilibrado na CPT do que, por exemplo, na Cites. Dela participaram os países centrais e poderosos da Europa e da América do Norte e à exceção da China e do Japão, os principais integrantes do sistema internacional estiveram envolvidos nas negociações que buscaram regular a poluição transfronteiriça. Apesar da concordância inicial em relação à necessidade de se reduzir as emissões de poluentes na atmosfera e de controlar a migração da poluição, as diferenças surgiram a partir do momento em que se detalharam as normas a serem seguidas pelas partes. Mostra-se mais uma evidência de que os interesses nacionais prevalecem a cada rodada da ordem ambiental internacional.

A CONVENÇÃO DE VIENA E O PROTOCOLO DE MONTREAL

Tanto a Convenção de Viena para a Proteção da Camada de Ozônio (CV) quanto o Protocolo de Montreal sobre Substâncias que Destroem a Camada de Ozônio (PM) versam, obviamente, sobre o controle de substâncias que destroem a camada de ozônio (O_3) e colocam em risco a vida humana na Terra. Esses documentos estão entre os que discutem a segurança ambiental global, aspecto que detalharemos no próximo capítulo, por tratarem de problemas de âmbito planetário. Eles também são citados como exemplos a serem seguidos, pois atingiram seus objetivos, mobilizando países e alcançando resultados importantes (Elliott, 1998: 53).

Uma explicação para esse fato seriam as evidências científicas sobre a destruição da camada, localizada a cerca de 50 km da superfície terrestre, na estratosfera, e suas consequências para a saúde humana – como o aumento dos casos de câncer de pele e de catarata. Nesta camada da atmosfera se concentra o ozônio, um gás natural formado por moléculas de oxigênio livres e que filtra os raios ultravioletas emitidos pelo Sol.

Substâncias criadas pela espécie humana, como os clorofluorcarbonos (CFC), os hidroclorofluorcarbonos (HCFC), os bromofluorcarbonos (BFC) e os halons halogenados (HBFC)[8], ao chegarem à estratosfera, reagem com o ozônio, eliminando-o, o que permite uma passagem maior de raios infravermelhos à superfície do planeta. Tal processo varia de acordo com a latitude; estudos indicam que as radiações aumentam do Equador para os polos.

A devastação do O_3 está relacionada também ao efeito estufa, fenômeno natural que consiste na retenção de calor nas baixas camadas da atmosfera a partir da ação de uma camada de gases, entre os quais está o ozônio. Além disso, os gases à base de cloro e bromo citados no parágrafo anterior intensificam o efeito estufa, podendo alterar o clima na Terra, elevando as temperaturas e o nível dos mares e alterando o regime de chuvas.

Os problemas acarretados pela destruição da camada de ozônio afetam desde um executivo que trabalha em Wall Street até um aborígene australiano: todos estamos sujeitos à radiação solar e expostos aos riscos citados acima. Este aspecto foi reconhecido como um problema ambiental global, que demanda uma discussão específica, ganhando corpo institucional na Conferência de Viena, Áustria, em março de 1985.

Muitos países, por meio de seus representantes, expressaram dúvidas quanto aos efeitos à saúde causados pela diminuição da camada de ozônio; exigiam mais evidências científicas, o que resultou na seguinte passagem do Preâmbulo da CV:

> Cientes também da necessidade de pesquisas mais extensas e de observações sistemáticas, a fim de dar prosseguimento ao desenvolvimento do conhecimento científico sobre a camada de ozônio e dos possíveis efeitos adversos que resultem de sua modificação (São Paulo, 1997c: 44).

Apesar da incerteza científica, decidiu-se pela tomada de medidas que evitassem a propagação de substâncias que destroem a camada de ozônio. Este ponto não está contido na versão final da CV, que deixou aberta esta possibilidade no artigo 2, sugerindo que tal regulamentação viesse a ser foco de um protocolo – o que acabou ocorrendo em Montreal dois anos depois.

A possibilidade de estabelecer um código de conduta externo que regule a ação das partes integrantes da CV gerou uma grande controvérsia. Dois países manifestaram-se isoladamente a respeito. Para a delegação do Japão,

[...] uma decisão a respeito se deve ou não continuar o trabalho sobre um protocolo [para regular a emissão de gases que destroem a camada de ozônio] deveria aguardar os resultados do trabalho do Comitê Coordenador sobre a Camada de Ozônio. Em segundo lugar, [...] a delegação do Japão é de opinião de que cada país deveria decidir por si próprio como controlar as emissões de clorofluorcarbonos (São Paulo, 1997c: 70).

A outra delegação que se manifestou nesse aspecto foi a espanhola, que afirmou que o protocolo destinado a controlar a emissão de gases que destroem a camada de ozônio deveria dirigir-se,

[...] aos próprios países individuais, aos quais se encarece que controlem seus limites de produção ou uso, e não a países terceiros ou a organizações regionais em relação a tais países (São Paulo, 1997c: 70).

Tais declarações foram incorporadas ao texto aprovado em Viena. Elas indicam claramente que os interesses nacionais eram o ponto a ser defendido, mesmo em uma situação na qual as partes reconheciam tratar-se de um problema global.

Diante desse impasse, pois as declarações não representavam a posição isolada dos países que a tornaram pública, as decisões foram brandas. Definiu-se pela cooperação entre os países, pelo intercâmbio científico e tecnológico entre as partes e pela decisão de realizar novas rodadas, a fim de avançar na indicação de parâmetros para o controle da devastação da camada de ozônio.

Um reflexo dessa amplitude pode ser apreendido no mapa 4. Observa-se que praticamente todos os países integrantes das Nações Unidas aderiram à CV, que no final de 1999 contava com 171 países, sendo 28 signatários[9]. Entre as ausências, estão Líbia, Iraque, Afeganistão e Angola. O mapa 4 indica que países da América do Norte, da Escandinávia e da Europa, ou seja, do mundo rico – aquele que realmente forma opinião e que produz as substâncias capazes de alterar a camada de proteção aos raios ultravioletas – ingressaram como signatários. Eles têm a companhia de outros poucos dispersos pelo mundo como Argentina, Chile, Peru, Egito e Burkina-Faso. Esse conjunto de países incentivou os demais a aderirem, com destaque para o Japão e a Espanha, que acabaram confirmando sua participação.

A divulgação feita em julho de 1985 por estudiosos ingleses, de que a camada de ozônio que deveria cobrir a Antártida, correspondendo a uma área semelhante à do território dos Estados Unidos (Miers, 1994: 114) havia simplesmente desaparecido, e unida à doença do Presidente Ronald Reagan (câncer de pele) despertaram um clamor na opinião pública internacional. Era preciso agir rapidamente. A resposta surgiu em setembro de 1987, em Montreal, Canadá, com os participantes do Protocolo de Montreal.

O PM tratou de propor metas quantitativas e prazos para a eliminação de substâncias que destroem a camada de ozônio. Além disso, afirmou um preceito extremamente importante: a distinção entre os países centrais e os países periféricos, fixando metas distintas para cada um desses grupos, conforme o Artigo 5:

1. Qualquer parte que seja um país em desenvolvimento cujo nível calculado anual de consumo das substâncias controladas seja inferior a 0,3 quilogramas *per capita*, na data da entrada em vigor do referido protocolo para a parte em questão, ou a qualquer tempo dentro de dez anos da entrada em vigor do referido protocolo, poderá, a fim de satisfazer suas necessidades internas básicas, adiar o cumprimento das medidas de controle estabelecidas nos parágrafos 1 a 4 do Artigo 2, por dez anos após os prazos especificados naqueles parágrafos. No entanto, tal parte não poderá exceder um nível calculado de consumo de 0,3 quilograma *per capita* (São Paulo, 1997c: 33).

Para os integrantes do outro grupo estabeleceu-se, no Artigo 2 do PM, um rígido cronograma de redução das substâncias que afetam a camada de ozônio – determinando como medida de comparação os valores de 1986, informados em relatórios enviados pelas partes à Secretaria da CV. Uma das críticas feitas ao protocolo se baseia na inclusão de apenas dois grupos de substâncias a serem controladas. E preciso insistir, entretanto, que o tempo da política é mais lento que o da ansiedade em resolver os problemas ambientais. Como imaginar a adesão de países como os Estados Unidos se, de repente, fosse proibida a produção de toda e qualquer substância que destrói a camada de ozônio? Eles se recusariam a ingressar, como fizeram em outras situações em que seus interesses ficaram desprotegidos, e o documento seria inócuo. A ordem ambiental internacional é um sistema em construção, marcado pela dificuldade de subtrair soberania de potências econômicas e militares e que têm, gostem ou não seus críticos, garantido algumas vitórias importantes para os países periféricos.

Outra novidade do PM, também presente no Artigo 2 foi a possibilidade de uma parte transferir ou receber à outra as substâncias em questão,

> desde que o total conjunto dos níveis calculados de produção das partes em apreço não exceda os limites de produção estabelecidos neste Artigo. Qualquer transferência de tal produção será notificada ao secretariado, anteriormente a data de transferência (São Paulo, 1997c: 29).

O argumento empregado é matemático. O que interessava era diminuir a presença de substâncias destruidoras do ozônio na atmosfera, não importando onde elas tivessem sido geradas. Nesse ponto, eles não consideraram os territórios nacionais, tratando o problema a partir de uma perspectiva Gaia, isto é, entendendo a Terra como um organismo único que é afetado

100

por todas as ações desenvolvidas na superfície e na atmosfera (Lovelock, 1989). Este enfoque gerou muitas críticas, em especial de parte de ONGs do Norte, as quais afirmavam que o privilégio dado aos países periféricos faria com que os investimentos para a produção de substâncias que danificam a camada de ozônio migrassem para eles, reforçando a divisão internacional dos riscos técnicos do trabalho e eliminando os esforços dos Estados Unidos e dos países europeus em atingir os índices acordados no protocolo. Elas reiteravam que o crescimento econômico verificado na Índia e na China motivaria uma maior produção das substâncias. De fato, a Índia ingressou no PM apenas em junho de 1992[10] e a China um pouco antes, em junho de 1991. Se estes países ganharam algum tempo, também é verdade que submeteram-se à ordem ambiental internacional. Nada impede, por exemplo, que novas rodadas baseadas em estudos científicos, como tem sido, os pressionem a reduzir os prazos de eliminação das substâncias.

O Protocolo de Montreal foi ainda mais longe: proibiu as partes envolvidas de comercializar com Estados não participantes. No Artigo 4, ficou acertado o seguinte:

1. Dentro de um ano a contar da data de entrada em vigor deste protocolo, as partes deverão proibir a importação de substâncias controladas de qualquer Estado que não seja parte deste protocolo.
2. A partir de 1 de janeiro de 1993, nenhuma parte que esteja operando nos termos do parágrafo 1 do Artigo 5 poderá exportar substâncias controladas para Estados que não sejam parte deste protocolo.
[...] 5. As partes desencorajarão a exportação, para qualquer Estado que não seja parte deste protocolo, de tecnologia para produzir ou utilizar substâncias controladas.
6. As partes abster-se-ão de fornecer novos subsídios, ajuda, créditos, garantias ou programas de seguro para a exportação, destinada a Estados que não sejam parte deste Protocolo, de produtos, equipamento, instalações industriais ou tecnologia à produção de substâncias controladas.
7. Os parágrafos 5 e 6 não serão aplicáveis a produtos, equipamentos, instalações industriais ou tecnologia que melhorem a contenção, recuperação, reciclagem ou destruição de substâncias alternativas, ou que de outra maneira contribuam para a redução das emissões de substâncias controladas (São Paulo, 1997c: 32-33).

Diante de tamanha pressão, tivemos um maior número de partes signatárias no Protocolo de Montreal do que na Convenção de Viena. Embora o número de integrantes do PM no final de 1999 seja muito semelhante ao da CV – 170 do primeiro contra 171 da segunda – foram 46 signatários contra apenas 28 do outro documento, indicando que ele entrou em vigência muito

101

mais rápido do que o seu antecessor. Foi preciso um ano e quatro meses para o PM, contra três anos e seis meses para a CV.

Comparando os dados, observa-se que Portugal e Japão, que figuram como parte na CV, firmaram o PM no primeiro dia em que foi aberto à assinatura, no que foram acompanhados por muitos outros países. O país asiático, inclusive, mostrou uma atitude bastante distinta quando comparada à sua declaração na CV, o mesmo ocorrendo com a Espanha, que também se tornou signatária do PM. Outras inclusões de destaque são a Austrália, a Malásia, a Indonésia e a Venezuela.

Passados mais de uma década da assinatura do PM, verifica-se uma efetiva redução da emissão de substâncias que destroem a camada de ozônio. Colaborou para isso a proibição da produção de CFC pelos países centrais. Segundo estimativas divulgadas pelo PNUMA em 1997, o consumo mundial de CFC diminuiu em mais de 60% (Segatto, 1997: A22). Mesmo entre os países periféricos, a diminuição foi verificada – como no caso do Brasil, que aderiu ao Protocolo em 1990 e definiu que até 2001 vai banir o uso de CFC do país, antecipando em dez anos o prazo a que teria direito.

Não é possível imaginar que com este documento os países consentiram em perder parcialmente sua soberania; ao contrário, ela foi reafirmada pelo princípio da igualdade entre as partes. Como os principais países do sistema internacional foram envolvidos, seus direitos foram reduzidos na mesma medida, o que não significa uma perda real de autonomia tendo em vista que as regras discriminaram todos os integrantes e os não participantes. Na verdade, isso só foi possível com a inclusão da cláusula que proibia o comércio com os países que não aderiram, além do ingresso de países como os Estados Unidos, o Japão e a maior parte dos países europeus. Nesses casos, a opinião pública teve uma atuação importante, pressionando seus dirigentes a adotar medidas rápidas e eficazes para controlar a destruição da camada de ozônio.

Novas rodadas envolveram as partes da CV e do PM. Em Londres, Reino Unido, junho de 1990, outras substâncias foram agregadas ao grupo controlado – entre elas vários tipos de halons – com prazos bem rígidos: redução de 50% da produção e do consumo até 1995 e eliminação total em 2000. Desta vez, os resultados não foram tão positivos quanto na reunião anterior. Os países centrais questionaram o tratamento diferenciado destinado aos países periféricos. Além disso, ficou decidida a criação de um fundo multilateral para permitir o intercâmbio tecnológico entre as partes.

Em 1992, reunidas em Copenhague, Dinamarca, as partes decidiram acrescer mais substâncias controladas aos anexos, como outros tipos de halons e, pela primeira vez, substâncias HCFC. Dessa vez, porém, houve mais resistência, principalmente de Israel e da Comunidade Europeia, que utilizam parte desses gases como insumo para a produção de pesticidas. Como resultado, até o final de 1999, países importantes como Rússia, Índia, Israel e África do Sul ainda não haviam ingressado neste protocolo.

Em 1994, em Nairobi, as partes incluíram mais substâncias ao grupo das controladas. Entretanto, o resultado mais relevante foi a divulgação do relatório do Grupo de Avaliação Científica do Protocolo de Montreal, que indicava a diminuição de algumas substâncias na atmosfera e a necessidade de cinquenta anos para que a camada de ozônio recubra a área que ocupava antes das emissões das substâncias que a destroem.

Em 1997, novamente reunidas em Montreal, as partes decidiram banir a importação entre si e de não partes de algumas das substâncias que destroem a camada de ozônio. Este documento entrou em vigor em janeiro de 1999.

Em 1999 teve lugar em Beijing, China, mais uma das reuniões das partes do Protocolo de Montreal. Em sua pauta constava como objetivo maior rever os aportes financeiros das partes com o objetivo de manter em funcionamento os grupos de trabalho que atuam como fiscalizadores e que subsidiam as reuniões, a partir de estudos científicos que realizam.

A CONVENÇÃO DA BASILEIA SOBRE O CONTROLE DE MOVIMENTOS TRANSFRONTEIRIÇOS DE RESÍDUOS PERIGOSOS E SEU DEPÓSITO

A presença de substâncias de elevado impacto ambiental, como as derivadas de processos químicos da indústria farmacêutica e química e o lixo hospitalar, é indesejada, pois tais substâncias podem acarretar problemas de saúde. Devido ao grande fluxo de substâncias dessa natureza entre países – principalmente a partir da intensificação da divisão internacional do trabalho – fez-se necessário criar normas para regulamentá-lo a fim de evitar a contaminação dos países que os recebem e daqueles pelos quais passam ao serem transportado. Com tal objetivo, foi convocada, em março de 1989[11], a Convenção da Basileia (Suíça) sobre o Controle de Movimentos Transfronteiriços de Resíduos Perigosos e seu Depósito (CTR).

Antes da CTR, ocorreram vários acidentes envolvendo a contaminação química em especial em países periféricos. Esses países eram tradicionais importadores de resíduos tóxicos dos países ricos, recebendo dinheiro em troca. Com o final do socialismo e da URSS, esta atividade passou a ser uma alternativa para os países do Leste Europeu, os quais passaram a concorrer com os países periféricos na busca de lixo de alto risco.

Este fluxo de resíduos já estava sendo pautado em fóruns internacionais desde a década de 1980. Em 1984, os Estados Unidos e, depois, a Comunidade Europeia estabeleceram normas para o transporte de resíduos perigosos. O PNUMA, por sua vez, organizou no Cairo, Egito, em 1987, uma reunião que elaborou a publicação *Normas e princípios para o gerenciamento ambien-*

talmente sadio dos resíduos sólidos, que ficou conhecida como *Normas do Cairo*, acompanhando uma iniciativa da OCDE datada de 1984. Essas iniciativas não foram suficientes para inibir o fluxo de resíduos perigosos. Até a realização dessa convenção, os países podiam exportar resíduos livremente como faziam os países centrais para periféricos. Como o transporte dessas substâncias é, na maior parte das vezes, marítimo, surgiu a preocupação de que acidentes resultassem na contaminação dos oceanos, atingindo praias e contaminando a população.

A CTR procurou regular não apenas o destino final do lixo, como também a passagem deste material pelo território de outras partes que não o importador e o exportador do resíduo; não impede, no entanto, o "comércio" de resíduos perigosos.

Essa convenção não regula somente a ação entre o importador e o exportador dos resíduos, abrindo a possibilidade de uma parte vetar o transporte por área de sua jurisdição. Estabeleceu o Artigo 6:

> 4. Cada Estado de trânsito deverá acusar prontamente ao notificador o recebimento da notificação. Subsequentemente poderá dar uma resposta por escrito ao notificador, em um prazo de sessenta dias, permitindo o movimento com ou sem condições, negando permissão para o movimento ou solicitando informações adicionais. O Estado de exportação não deverá permitir que o movimento transfronteiriço tenha início antes de haver recebido a permissão por escrito do Estado de trânsito (São Paulo, 1997d: 24).

Como o Protocolo de Montreal, a CTR proibiu o envolvimento comercial com Estados que não aderiram a ela.

Além disso, a salvaguarda da soberania foi uma constante neste documento. No Artigo 4, ficou acordado que:

> 12. Nada na presente convenção deve afetar em nenhum aspecto a soberania dos Estados sobre seu mar territorial, estabelecida de acordo com o direito internacional e os direitos soberanos e a jurisdição que os Estados exercem sobre suas zonas econômicas exclusivas e plataformas continentais de acordo com o direito internacional, bem como o exercício dos direitos e liberdades de navegação por parte dos navios e aviões de todos os Estados, conforme prevê o direito internacional e como estabelecido em instrumentos internacionais pertinentes (São Paulo, 1997d: 21).

Além disso, as partes podem indicar os resíduos que consideram perigosos segundo suas leis nacionais que não estejam na lista dos anexos e fazer valer para eles – quando houver o movimento e/ou depósito em seu território – as normas da CTR. Foi dado, porém, um prazo de apenas seis meses, a contar da data de adesão, para que a parte comunique ao secretariado o acréscimo que deseja fazer.

Outro aspecto relevante consta do artigo 11 da CTR, que possibilita às partes estabelecerem, com partes e não partes, acordos bilaterais, multilaterais e regionais sobre o movimento de resíduos perigosos,

> [...] desde que esses esquemas ou acordos não derroguem a administração ambientalmente saudável dos resíduos perigosos e outros resíduos exigida pela presente convenção. Esses acordos ou esquemas deverão estabelecer dispositivos que não sejam ambientalmente menos saudáveis que aqueles previstos na presente convenção, particularmente levando-se em consideração os interesses dos países em desenvolvimento (São Paulo, 1997d:30).

No final de 1999, 130 países integravam a CTR. Apesar do elevado número de participantes, estudos divulgados por ONGs apontavam mais de 500 situações de transporte de resíduos sólidos de países centrais para países periféricos em 1994. A novidade era o aumento do fluxo para os países do antigo bloco socialista.

Depois da reunião de Estocolmo, assistimos à afirmação da temática ambiental no sistema internacional. A atuação do PNUMA assessorando as reuniões, instrumentalizando países periféricos com o financiamento de estudos e capacitando pessoal qualificado para monitorar o quadro ambiental colaborou para esta afirmação.

Os vários acordos internacionais apresentados nesse capítulo indicam que a matriz realista foi a base das formulações contidas nos textos finais das convenções. Identificamos em todos eles passagens que afirmam a soberania das partes, o que salvaguarda a manutenção dos interesses nacionais, como vimos no capítulo. "A tradição e os novos paradigmas", quando apresentamos a tradição do realismo político.

Qual seria a eficácia desses instrumentos? – indagaria um leitor atento à funcionalidade da ordem ambiental internacional. Diríamos que até antes da CNUMAD ela foi articulada de maneira gradual e conduzida de maneira favorável aos países periféricos, discriminados de maneira positiva em vários documentos. Além disso, os instrumentos de regulação das relações internacionais propostos não levaram a um choque de interesses entre os principais países. Eles simplesmente recusaram-se a participar quando seus interesses não foram contemplados, como foi o caso dos protocolos da CPT.

Nos vinte anos transcorridos entre a reunião de Estocolmo e a do Rio de Janeiro, ocorreu a institucionalização da temática ambiental na ONU, que se somou às experiências de países que se articularam e estabeleceram acordos para tratar de problemas ambientais, como foi o caso do Tratado da Antártica. A ONU passou a desempenhar cada vez mais o papel de reguladora das tensões ambientais internacionalmente. Além das convenções e dos protocolos discutidos acima, ela viria a patrocinar a reunião que difundiu a temática ambiental para os quatro cantos do planeta, a CNUMAD.

NOTAS

[1] Antes da Cites, foram organizadas outras reuniões internacionais visando à preservação ambiental, como a Conferência de Ramsar e a Convenção Relativa à Proteção da Herança Mundial Natural e Cultural, promovida pela Unesco em 1972, que objetivou preservar sítios naturais e culturais relevantes para a humanidade. Após a Cites, tivemos a Convenção sobre a Conservação de Espécies Migratórias, organizada pelo PNUMA, em Bonn (Alemanha), que entrou em vigor em 1983, e a Convenção sobre Diversidade Biológica, discutida mais adiante.

[2] Para facilitar a identificação dos países ver mapa-múndi no anexo.

[3] Fonte: http://www.wcmc.org.uk/CITES/english/parties4.htm. Setembro de 1999.

[4] Fonte: http://sedac.ciesin.org/pidb/texts/transb...ary.air.pollution.emep.protocol.1984.html. Setembro de 1999.

[5] Segundo Corson (1993), o SO_2 advém da queima de combustíveis fósseis e gera danos aos pulmões e às vias respiratórias, além de acidificação dos corpos d'água e do solo.

[6] Para Corson (1993), a fonte e os efeitos do NO_x são os mesmos do SO_2. Ver nota anterior.

[7] Corson (1993) indica que estes compostos orgânicos são produzidos a partir da queima de motores de veículos motorizados ou empregados em indústrias. Os danos por eles causados são maiores que os dos gases anteriormente tratados. Eles geram mutações e câncer em seres humanos e, ao combinarem-se com o NO_x na presença de luz solar, resultam em Ozônio (O_3), que produz uma névoa densa, afeta a vegetação e, em seres humanos, diminui a resistência às infecções, irrita os olhos, reduz a capacidade respiratória, afeta os pulmões e causa congestão nasal.

[8] Os clorofluorcarbonos foram inventados em 1928 pela DuPont, empresa com sede nos Estados Unidos, e empregados em equipamentos de refrigeração, de condicionamento de ar, em aerossóis e na fabricação de espuma de colchões. Os hidroclorofluorcarbonos foram desenvolvidos para substituir o CFC. São usados em refrigerantes e em aerossóis, causando menos impacto na camada de ozônio que seu antecessor. Os bromofluorcarbonos são gases halons, usados em extintores.

[9] Fonte: http://www.un.org/depts/treaty/final/ts2/newfiles/part_boo/xxviiboo/xxvii_.html. Setembro de 1999.

[10] Fonte: http://www.un.org/depts/treaty/final/ts2/newfiles/part-boo/xxviiboo/xxvii_.html. Setembro de 1999.

[11] O lixo radioativo foi excluído desta convenção por contar com um organismo internacional específico: a Agência Internacional de Energia Atômica.

A CONFERÊNCIA DAS NAÇÕES UNIDAS PARA O MEIO AMBIENTE E O DESENVOLVIMENTO

Neste capítulo vamos apresentar a CNUMAD, os documentos resultantes da sua realização e a repercussão do conceito de desenvolvimento sustentável nas discussões que ela abrigou. Antes disso, trazemos um balanço sobre este conceito, partindo de sua origem até as posições mais críticas a ele. Destacamos ainda o conceito de segurança ambiental global, que também permeou as discussões no Rio de Janeiro, em 1992.

A segunda grande reunião das Nações Unidas sobre o ambiente surgiu de uma deliberação da sua Assembleia Geral, em 1988. Na ocasião, as preocupações dirigiram-se para o desenvolvimento aliado à conservação ambiental. A reunião deveria ocorrer até 1992, na forma de uma Conferência.

O Brasil apresentou-se como pretendente a sediar a Conferência e foi escolhido como país sede em 1989. Dentre as razões que determinaram a escolha do país estão a devastação da Amazônia e o assassinato do líder sindical e ambientalista Chico Mendes, em 1988[1]. Esses dois fatos, aliados às manifestações dos grupos ambientalistas que denunciaram os dois episódios, sensibilizaram os delegados presentes à Assembleia Geral da ONU de 1989. Assim, a escolha do Brasil representaria uma forma de pressão velada à diminuição das queimadas e pela prisão e julgamento dos mandantes da morte do líder sindical.

A CNUMAD representou um momento importante no arranjo das relações internacionais sobre a temática ambiental. Com extrema habilidade, Maurice Strong – o Secretário Geral da reunião – estabeleceu um discurso alarmista, afirmando que aquela reunião seria a última oportunidade para "salvar a Terra". A mensagem publicitária da reunião – "Em nossas mãos" – expressava aquele entendimento, procurando chamar à responsabilidade os chefes de Estado e/ou seus representantes para os problemas ambientais tratados na CNUMAD.

Pelo menos do ponto de vista da mobilização de lideranças políticas, a CNUMAD foi um sucesso: dela participaram 178 Estados-nação, dos quais 114 chegaram a ser representados pelos respectivos Chefes de Estado, dentre os quais podemos destacar lideranças dos países centrais como George Bush, François Mitterrand e John Major, na época respectivamente presidentes dos Estados Unidos e da França e primeiro-ministro da Inglaterra, e expoentes da periferia, como Fidel Castro, presidente de Cuba.

O objetivo da CNUMAD foi o estabelecimento de acordos internacionais que mediassem as ações antrópicas no ambiente[2]. Eles trataram das mudanças climáticas globais e do acesso e manutenção da biodiversidade, na forma de Convenções internacionais. Também foram elaboradas duas declarações: a do Rio, uma carta de princípios pela preservação da vida na Terra e a Declaração de Florestas, que estabelece a intenção de manter as florestas. A *Agenda XXI*, um plano de ação para a virada do século, visando minimizar os problemas ambientais mundiais, também é resultado daquela reunião.

A preparação dos documentos firmados no Rio de Janeiro ocorreu em quatro reuniões, chamadas de Reuniões Preparatórias para a CNUMAD (Prepcon): Nairobi, em agosto de 1990; Genebra, em março/abril de 1991 e agosto/setembro do mesmo ano; e Nova York, em março/abril de 1992. Além dos Prepcon, várias reuniões regionais se realizaram antes do encontro no Rio. O Brasil participou da reunião da América Latina no México, em março de 1991, onde elaborou-se a Plataforma de Tlatelouco.

Outro dado importante a ser considerado foi a participação da sociedade civil organizada por meio das ONGs – pela primeira vez na história da ONU em uma reunião envolvendo Chefes de Estado. A influência deste segmento foi importante, como reconheceram alguns diplomatas, pois a pressão das ONGs resultou na inclusão de alguns temas na pauta de negociações.

Na CNUMAD, buscava-se a conciliação do binômio conservação ambiental e desenvolvimento, pautado na conferência a partir do conceito de desenvolvimento sustentável. O conceito de segurança ambiental global também foi destacado no Rio de Janeiro. Vejamos com mais vagar esses dois conceitos.

108

SEGURANÇA E DESENVOLVIMENTO

Os conceitos de segurança ambiental global e de desenvolvimento sustentável são centrais para o estabelecimento da ordem ambiental internacional. O primeiro deles nos faz refletir sobre a necessidade de manter as condições da reprodução da vida humana na Terra, posto que ainda não se tem notícia da existência de outro planeta com condições naturais semelhantes ao que habitamos, não deixando alternativa senão aqui vivermos. Em síntese, a Terra ainda é a morada da espécie humana – ao menos por enquanto. Já o segundo, procura regular o uso dos recursos naturais por meio do emprego de técnicas de manejo ambiental, de combate ao desperdício e à poluição. Se fôssemos empregar uma expressão também para este conceito, diríamos que ele define que as ações humanas dirigidas para a produção de coisas necessárias à reprodução da vida devem evitar a destruição do planeta.

Entretanto, em que pese o reconhecimento dessas duas premissas e de que elas envolvem a promoção de ajustes globais – nos quais os vários atores do sistema internacional certamente devem contribuir para que metas comuns sejam alcançadas – os países, principais interlocutores na ordem ambiental internacional, por meio de seus negociadores, têm procurado salvaguardar o interesse nacional. Agindo dessa forma, transformam as preocupações com a sustentabilidade do sistema econômico hegemônico e a possibilidade de que ele nos encaminhe para uma situação de risco em mera retórica. As preocupações ambientais globais acabam se revestindo de um caráter de divulgação, enquanto na arena da política internacional as decisões de fato têm se encaminhado para contemplar interesses nada difusos.

O que efetivamente tem prevalecido são as vantagens econômicas e políticas que os países podem auferir a cada rodada de negociações. E, o mais interessante: eles se comportam de maneira particular para cada tema destacado no arranjo institucional da ordem ambiental internacional.

Os conceitos que veremos a seguir influenciaram as reuniões internacionais ao longo da década de 1990. Eles foram criados para legitimar a ordem ambiental internacional, procurando lhe garantir uma base científica.

O desenvolvimento sustentável

Um dos problemas da vida contemporânea é medir a capacidade que teremos para manter as condições da reprodução humana na Terra. Em outras palavras: trata-se de permitir às gerações vindouras condições de habitabilidade no futuro, considerando a herança de modelos tecnológicos devastadores e possíveis alternativas a eles. Os seres humanos que estão por vir precisam dispor de ar, solo para cultivar e água limpos. Sem isso, suas perspectivas são sombrias: baixa qualidade de vida, novos conflitos por água, entre outras.

Durante a década de 1970, tomou corpo uma discussão que procurava aproximar pontos até então muito distantes: a produção econômica e a conservação ambiental. Essa aproximação ocorreu de maneira lenta, por meio de reuniões internacionais e relatórios preparatórios.

A associação entre desenvolvimento e ambiente é anterior à Conferência de Estocolmo. Os presságios de uma nova concepção são esboçados no Encontro Preparatório de Founex (Suíça), em 1971, onde iniciou-se uma reflexão a respeito das implicações de um modelo de desenvolvimento baseado exclusivamente no crescimento econômico, na problemática ambiental. Esta discussão ganhou destaque com o economista Ignacy Sachs, gerando o conceito de ecodesenvolvimento na década de 1970.

Em 1973, na primeira reunião do PNUMA, realizada em Genebra, Maurice Strong, então diretor-executivo do programa, empregou a expressão ecodesenvolvimento. Ele não teve, porém, a preocupação em definir o conceito nessa ocasião, que seria formulado, pela primeira vez, por Sachs, no ano seguinte. Para ele, o ecodesenvolvimento seria:

> um estilo de desenvolvimento particularmente adaptado às regiões rurais do Terceiro Mundo, fundado em sua capacidade natural para a fotossíntese (Sachs, 1974. *IN*: Leff, 1994: 317).

Esta primeira formulação, em que pese seu caráter genérico, merece ser comentada do ponto de vista da geografia. A capacidade natural para a fotossíntese dos países periféricos era uma alusão à sua paisagem natural, destacando imagens – em especial a dos europeus – de um "mundo verde". Algo similar ao que é difundido sobre a Amazônia brasileira em nossos dias.

O segundo comentário é a indicação de sua aplicação no meio rural dos países do Terceiro Mundo. O que o levaria a tecer essa consideração? Seria uma sugestão que, se seguida, condenaria os países ao subdesenvolvimento? Ou a reafirmação da clássica divisão do trabalho entre o campo e a cidade, donde se pode imaginar que a cidade é insustentável?

Em nosso ponto de vista, Sachs está refletindo – conscientemente ou não – um conceito geográfico. Trata-se da formulação de gênero de vida. Esta passagem de Vidal de La Blache ilustra a matriz de Sachs:

> Sob a influência da luz e de energias cujo mecanismo nos escapa, as plantas absorvem e decompõem os corpos químicos; as bactérias fixam, em certos vegetais, o azote da atmosfera. A vida, transformada na passagem de organismo em organismo, circula através de uma multidão de seres: uns elaboram a substância de que se alimentam os outros; alguns transportam germes de doenças que podem destruir outras espécies. Não é exclusivamente graças ao auxílio dos agentes inorgânicos que se verifica a ação transformadora do homem; este não se contenta em tirar proveito, com o arado, dos materiais em decomposição do subsolo, em utilizar as quedas de água, devidas à

110

força da gravidade em função das desigualdades do relevo. Ele colabora com todas estas energias agrupadas e associadas segundo as condições do meio. O homem entra no jogo da natureza (La Blache, 1921: 42).

A ideia de sustentabilidade é justamente a de fazer a espécie humana "entrar no jogo da natureza". Em outras palavras, Sachs vislumbra o ambiente rural como o lugar possível para se desenvolver um modo de vida capaz de manter e reproduzir as condições da existência humana sem comprometer a base natural necessária à produção das coisas. As comunidades alternativas e os ecologistas radicais também. Estes últimos chegaram mesmo a condenar as cidades.

Se tomarmos a divisão do trabalho como um aspecto a ponderar na direção da sustentabilidade, veremos que Marx continua, neste aspecto, com a razão. Trata-se da primeira e principal divisão estabelecida pela espécie humana, com a agravante de que a cidade depende do campo. Como resposta a esta formulação surgem inúmeros programas na década de 1990, dentre os quais se destaca o de cidades sustentáveis, que em alguns países, dentre eles o Brasil, vem reunindo lideranças de vários segmentos para discutir alternativas para viabilizá-las. Ora, como sustentar um meio que, em si – tomando emprestada uma expressão de Marx – depende de energia e matéria-prima gerada fora dela para funcionar, se os habitantes da cidade não produzem alimento – em que pese o caráter cada vez mais urbanizado do campo e a sujeição do pequeno produtor ao capital (Oliveira, 1981). Outra derivação do termo "cidades sustentáveis" surgiu no campo da saúde. Neste caso, a expressão que define os programas é "cidade saudável", reconhecendo, embora não explicitamente, que os urbanistas higienistas muito em voga no início do século XX tinham razão. Não é agradável viver em um lugar com trânsito intenso, odores ruins, barulho excessivo, respirando um ar combinado com vários elementos químicos, muitos deles causadores de doenças graves em seres humanos.

Mas voltemos ao histórico da formulação do conceito de desenvolvimento sustentável. A formulação teve continuidade com a Declaração de Coyococ (México), organizada pelo PNUMA e a Conferência das Nações Unidas sobre Comércio e Desenvolvimento, em 1974. Neste documento, lê-se que o ecodesenvolvimento seria uma:

> relação harmoniosa entre a sociedade e seu meio ambiente natural legado à autodependência local (*IN:* Leff, 1994: 319).

O Relatório *Que Faire*, de 1975, atualiza o termo, grafando a expressão que vai consolidar esta ideia: desenvolvimento sustentado.

A consolidação do conceito de DS na comunidade internacional virá anos mais tarde, a partir do trabalho da Comissão Mundial para o Meio Ambiente e Desenvolvimento (CMMAD), criada em 1983 devido a uma deliberação da Assembleia Geral da ONU. Ficou definida a presença de 23 países-membro da Comissão, que promoveu entre 1985 e 1987:

> [...] mais de 75 estudos e relatórios, realizando também conferências ou audiências públicas em dez países e acumulando assim as visões de uma seleção impressionante de indivíduos e organizações (Mccormick, 1992: 189).

Esta Comissão foi presidida por Gro Harlem Brundtland, que fora primeira-ministra da Noruega e pretendia dar um tom mais progressista aos trabalhos do grupo que coordenava. O documento mais importante produzido sob seu comando foi o relatório *Nosso futuro comum*[3], no qual encontra-se a definição mais empregada de desenvolvimento sustentável, reproduzida a seguir:

> [...] aquele que atende às necessidades do presente sem comprometer a possibilidade de as gerações futuras atenderem as suas próprias necessidades (CMMAD, 1988: 46).

Este conceito tornou-se referência para inúmeros trabalhos e interesses dos mais diversos. Se de um lado existe os que acreditam que o planeta em que vivemos é um sistema único, que sofre consequências a cada alteração de um de seus componentes, de outro estão os que acreditam que o modelo hegemônico pode ser ajustado à sustentabilidade. Este é o debate: manter as condições que permitam a reprodução da vida humana no planeta ou manter o sistema, buscando a sua sustentabilidade. O primeiro grupo, que pensa a Terra como um sistema holístico, tem em James Lovelock (1989) o seu representante maior. Já o segundo grupo, possui representantes espalhados por todo o planeta.

São aqueles que buscam tecnologias alternativas e não impactantes sem questionar o padrão de produção vigente.

Apesar da adoção do conceito de desenvolvimento sustentável em atividades de planejamento, inclusive do turismo ecológico, ele não é entendido de maneira consensual. Destacamos as ideias de Herculano, que afirma o desenvolvimento sustentável ter dois significados:

> [...] é uma expressão que vem sendo usada como epígrafe da boa sociedade, senha e resumo da boa sociedade humana. Neste sentido, a expressão ganha foros de um substituto pragmático, seja da utopia socialista tornada ausente, seja da proposta de introdução de valores éticos na racionalidade capitalista meramente instrumental. [...] Na sua segunda acepção, desenvolvimento sustentável é [...] um conjunto de mecanismos de ajustamento que resgata a funcionalidade da sociedade capitalista [...]. Neste segundo sentido, é [...] um desenvolvimento suportável – medianamente bom, medianamente ruim – que dá para levar, que não resgata o ser humano da sua alienação diante de um sistema de produção formidável (Herculano, 1992: 30).

Outro autor que trabalha o assunto é Gonçalves, afirmando que o desenvolvimento sustentável

[...] tenta recuperar o desenvolvimento como categoria capaz de integrar os desiguais (e os diferentes?) em torno de um futuro comum. Isso demonstra que pode haver mais continuidade do que ruptura de paradigmas no processo em curso (Gonçalves, 1996: 43).

Por seu turno, Ribeiro *et al* sugerem distinguir

> [...] o conceito de Desenvolvimento Sustentável de sua função alienante e justificadora de desigualdades de outra que se ampara em premissas para a reprodução da vida bastante distintas. Desenvolvimento Sustentável poderia ser, então, o resultado de uma mudança no modo da espécie humana relacionar-se com o ambiente, no qual a ética não seria apenas entendida numa lógica instrumental, como desponta no pensamento ecocapitalista, mas embasada em preceitos que ponderassem as temporalidades alteras à própria espécie humana, e, porque não, também as internas à nossa própria espécie (Ribeiro *et al*, 1996: 99).

Herculano (1992) faz parceria com Gonçalves (1996) quando não vislumbra nenhuma ruptura a partir da almejada sustentabilidade. Entretanto, não deixa de reconhecer que ela pode, ao menos, viabilizar uma reforma do capitalismo.

Ribeiro *et al.* (1996), ponderam que o desenvolvimento sustentável poderia vir a ser uma referência, desde que servisse para construir novas formas de relação entre os seres humanos e destes com o ambiente. Apontam que o grande paradoxo do desenvolvimento sustentável é manter a sustentabilidade – uma noção das ciências da natureza – com o permanente avanço na produção exigida pelo desenvolvimento, cuja matriz está na sociedade.

Tendo como princípio conciliar crescimento e conservação ambiental, o conceito de desenvolvimento sustentável, por sua vaguidade, passou a servir a interesses diversos. De nova ética do comportamento humano, passando pela proposição de uma revolução ambiental até ser considerado um mecanismo de ajuste da sociedade capitalista (capitalismo *soft*), o desenvolvimento sustentável tomou-se um discurso poderoso promovido por organizações internacionais, empresários e políticos, repercutindo na sociedade civil internacional e na ordem ambiental internacional.

A segurança ambiental global

Diferente do que ocorreu com o desenvolvimento sustentável, que foi sendo elaborado ao longo de várias reuniões internacionais e está servindo como base para a implementação de políticas, a ideia de segurança ambiental global não está configurada como um conceito que leva à ação, mas à implementação de estratégias por uma unidade política. Ela evolui de maneira mais lenta, encontrando muito mais resistência que o conceito anterior (Elliott, 1998: 239). Mas não deixou de cumprir a função de justificar "cientificamente" a política externa dos países.

Pensar os problemas ambientais globalmente exige conhecimento científico e perspicácia política. Uma das grandes dificuldades encontradas em reuniões internacionais é a de que muitos dos representantes dos países participantes ficam divididos entre estes dois grupos de personagens – os cientistas e os tomadores de decisões – e raramente conseguem chegar a bom termo, mesmo quando representam o mesmo país.

Uma das evidências mais claras desse comportamento decorre da crítica contundente que muitos cientistas fazem aos documentos oficiais resultantes de discussões políticas. É comum dizerem que o conceito está errado ou sem base científica que o sustente. Deste modo, tendem a desconsiderar todo o esforço de elaboração do documento e a verdadeira "alquimia" política empregada – às vezes ao longo de anos e por meio de discussões aparentemente intermináveis – em sua construção.

De outro lado, os políticos, que têm ganhado esta batalha com os pesquisadores, ressentem-se de informações mais precisas sobre determinadas questões ou, o que é mais frequente, encomendam conclusões científicas que "expliquem" suas decisões. Esse descompasso, à luz da opinião pública – filtrada pelas ONGs e pelas grandes empresas de comunicação –, resulta em uma série de reuniões dispendiosas que aparentemente servem apenas para gerar diárias para delegações imensas conhecerem o mundo e seus países comprometerem-se a gastar recursos em questões inócuas.

Esse preâmbulo foi necessário, pois, no caso da segurança ambiental global, se ajusta ao que se verifica na realidade.

Vejamos o problema da camada de ozônio. Seu comprometimento coloca em risco toda a espécie humana? Não. Os mais ricos podem comprar protetores de radiação solar e continuar a expor-se ao Sol. Porém, e aqui o tempo é um fator determinante, confirmadas as possibilidades apontadas por estudiosos, vai chegar um momento em que não vai adiantar muito proteger-se dos raios solares.

E as mudanças climáticas? Suas consequências afetarão da mesma maneira a todos? Certamente não. Mas novamente os estudiosos apontam riscos, como a mudança dos ciclos de vida dos vegetais que produzem alimento e uma eventual crise alimentar. Áreas úmidas podem se transformar em áreas semiáridas. Pontos do litoral em todo o mundo serão alagados. Esses problemas, que afetariam com maior ênfase países periféricos, exigem um rearranjo do modo de vida de muita gente, acarretando em novos beneficiários e em novos despossuídos.

Para evitar uma catástrofe em escala mundial ou, como ficaria mais claro, para manter o atual estado das coisas e da divisão do poder mundial, estabeleceram-se regras internacionais para impedir que as ações humanas desencadeiem processos como os apontados acima. Essa é uma das bases da ordem ambiental internacional. Entretanto, como estamos vivendo um dinâmico processo de ajuste internacional de interesses envolvendo a temática ambiental, surgem novas oportunidades e novos países podem ser alçados a posições de destaque no cenário internacional.

Villa aponta um conceito para ajudar a compreensão da conjuntura atual. Trata-se da segurança global multidimensional, que para o autor

> [...] reflete a nova natureza preponderante da segurança internacional: esta já não pode mais ser almejada em termos de acréscimo de poder. A preservação de [um] Estado nacional diante dos novos fenômenos transnacionais – explosão populacional, migrações internacionais e desequilíbrios ecológicos globais – não se dá pela imposição da sua vontade unilateral ou pelo apelo à última *ratio*, a violência institucional. Em outras palavras, questiona-se o pano de fundo genérico realista que vê na legalidade e legitimidade da guerra o elemento específico das relações internacionais. Nesse sentido, pode-se afirmar que a singularidade da segurança global multidimensional é que os conflitos que podem derivar dos fenômenos transnacionais não admitem a guerra como meio de solução (Villa, 1997: 209).

Para o cientista político Villa, a imposição de temas transnacionais impede ou tira o efeito da força, já que todos sofreremos as consequências dos eventos ambientais globais. Sua indagação seria: de que adianta ter armas e impor o uso do automóvel, se com as mudanças climáticas a base nacional da agricultura vai transformar-se, exigindo uma adaptação custosa até mesmo para os países centrais?

A essa pergunta poderíamos responder que é preciso insistir em apreender as diferenças entre países e suas populações. Os custos e os impactos são diferentes conforme a preparação dos países para enfrentar os problemas ambientais, sejam eles gerados pela sociedade ou pela natureza. Observando as condições de vida dos agrupamentos humanos em suas diversas maneiras de organização social, vemos que, por exemplo, um terremoto que ocorre em um país rico, ainda que de maior intensidade e, portanto, potencialmente causador de mais destruição, gera muito menos vítimas e estragos materiais que outro de menor intensidade ocorrido em um país periférico.

Os dados a seguir confirmam este aspecto. Em Kobe (Japão), ocorreu um terremoto que chegou a 7,2 graus de intensidade na escala Richter. Este evento natural provocou cerca de 6000 mortes e deixou algo em torno de 300 mil desabrigados em 1995. Dois anos antes, na Índia, deu-se um terremoto que chegou a 6,3 graus na escala Richter; portanto, de menor intensidade que o do Japão. Como resultado registraram-se cerca de 10 mil mortes, apesar de ter ocorrido a aproximadamente 700 quilômetros de Nova Deli em uma área menos povoada, portanto.

Elliott também discute a segurança ambiental, apontando que muitos autores refutam essa concepção por associarem tal conceito ao pensamento estratégico militar (Elliott, 1998: 220). Esses puristas entendem que a questão ambiental em caráter internacional não pode ser vista dentro de uma dimensão estratégica, para esses autores, apenas os processos naturais bastariam para fornecer elementos à compreensão dos fenômenos e suas consequências para as unidades políticas.

Elliott (1998) aponta também outra interpretação que associa o militarismo à questão ambiental e à segurança. Trata-se da visão estratégica, que admite os recursos naturais como vitais à sobrevivência da população de uma unidade política e que, portanto, reforça o conceito de soberania das unidades na gestão de seus recursos. Se lembrarmos que Cline (1983) e Raffestin (1993) definem os recursos naturais como um dos elementos que devem ser ponderados na definição do poder, veremos que esta matriz pode abrigar muitos adeptos. O caso da gestão dos recursos hídricos nos parece o mais emblemático para ilustrar esse entendimento: como as bacias muitas vezes transpassam os limites territoriais dos países, eles podem ficar em uma situação de dependência de outro país para obter água e abastecer sua população. Tal situação pode ser observada na disputa entre Israel e Síria, envolvendo as colinas de Golã, onde estão os mananciais que fornecem água aos habitantes dos dois países.

Entretanto a autora, que também é cientista política, defende uma posição muito próxima à de Villa (1997):

> Diante da insegurança ecológica, países e população não podem ser seguros se o ecossistema é seguro. Nem um nem outro vai ajudar a identificar o inimigo que objetiva violar a integridade territorial e a soberania do estado. O "inimigo" não é o ambiente, mas as atividades cotidianas humanas e de corporações (Elliott, 1998: 238).

A autora esquece-se de que as atividades humanas e das corporações, como bem apontou, causadoras dos problemas ambientais em escala nacional, estão circunscritas geograficamente. Segundo dados do PNUMA, cerca de 25% do total da população mundial gera os problemas ambientais na escala que encontramos atualmente. Esta é a parcela inserida no universo dos consumidores. Como este índice já chegou a cerca de 30% no início da década de 1990, conclui-se que é cada vez menor a parcela da população que causa problemas ambientais devido ao modo de vida que adota, o que indica, entre tantas outras coisas, uma maior concentração da riqueza.

Para os seres humanos (demasiadamente humanos, para lembrar Nietzsche) que estão usufruindo do mundo do consumo – e que vivem em determinada unidade política, permanece o interesse nacional. Eles querem salvaguardar vantagens específicas que garantem a manutenção de seu modo de vida, negociadas para cada aspecto discutido na ordem ambiental internacional.

Nesse sentido, protelar o abandono da queima de combustível fóssil é uma atitude esperada quando se obtém vantagens com sua venda, como defenderam os países árabes na Convenção de Mudanças Climáticas. O interesse nacional não é abandonado; mesmo se o uso de força não se faz necessário. Continua a valer, portanto, uma das premissas do realismo político. É evidente que hoje não é preciso empregar a força para impor sua vontade – como ocorria durante a Guerra Fria. A persuasão surge de outras maneiras, como as que foram propostas na CNUMAD e nas conferências das partes que se seguiram a ela, como veremos a seguir.

AS DECISÕES NA CNUMAD

Os participantes da CNUMAD estiveram envolvidos em diversas frentes de discussão, como: a conservação da biodiversidade biológica, as mudanças climáticas e os instrumentos de financiamento para projetos de recuperação ambiental. Não discutiram, porém, o modelo de desenvolvimento que gerou os problemas ambientais listados. Os produtos da CNUMAD – a Convenção sobre Mudanças Climáticas (CMC), a Convenção sobre a Diversidade Biológica – (CB), a Declaração do Rio, a Declaração sobre Florestas e a *Agenda XXI –*, são referências na ordem ambiental internacional.

A análise dos protocolos firmados mostra alianças políticas bastante particulares. Elas foram articuladas ao longo do processo de negociação pré-reunião, nos Prepcons. Para cada documento produzido, uma dinâmica nova se apresentava. Os países marcavam posições de forma unilateral ou como blocos de países. Trataremos a seguir da CB, da *Declaração sobre Florestas*, da CMC e da *Agenda XXI*.

A Convenção sobre a Diversidade Biológica e a Declaração de Florestas

Desde o momento que novas tecnologias passaram a se utilizar de seres vivos como matéria-prima, fez-se necessária uma regulação ao seu acesso. Esses avanços ocorreram sobretudo na biotecnologia e na engenharia genética. A biotecnologia pode ser definida como o emprego de todo e qualquer processo biológico que altere as condições de um ser vivo.

Desde quando se começou a fermentar uva para produzir vinho na Mesopotâmia, por exemplo, emprega-se conhecimentos em biotecnologia. A produção de vinho ou mesmo de pão – práticas que ocorrem há séculos – são enquadradas dentro da chamada biotecnologia tradicional.

Um segundo tipo de conhecimento biotecnológico – definido como biotecnologia intermediária – ocorre quando é realizada uma combinação de seres vivos com a finalidade de se obter alguma vantagem. Um exemplo dessa situação seria o uso de seres vivos no controle de pragas que atacam áreas agrícolas.

A partir da década de 1970, passou-se a praticar a biotecnologia recombinante, também chamada de engenharia genética, que consiste na combinação de genes de seres vivos.

Isso só foi possível graças aos pesquisadores ingleses James Watson e Francis Crick que, em 1953, divulgaram a estrutura do DNA (ácido desoxirribonucleico – material genético dos seres vivos) como uma dupla hélice. Essa estrutura combina-se de maneira singular em cada ser vivo, definindo suas características a partir de pares de cromossomos. Os cromossomos carregam a informação genética e têm a capacidade de ser reproduzidos, gerando seres semelhantes. A engenharia genética consiste na identificação da sequência adequada de genes e na manipulação da estrutura genética com o intuito de adaptar as características do ser vivo ao interesse do pesquisador e/ou empresário.

Essa inovação tecnológica é muito promissora. Alimentos mais proteicos, remédios novos para doenças graves como o câncer e a aids e novos materiais feitos a partir de vegetais vêm sendo pesquisados ao redor do mundo e podem estar próximos, em um futuro não muito distante, da realidade. Tudo isso se conseguiria com a manipulação genética, ou seja, a identificação das características dos genes e seu processamento.

Essa possibilidade, porém, tem sérias implicações éticas. Uma delas diz respeito à manipulação do código genético de seres humanos; pode-se, em tese, modificar as características físicas de um ser humano e até mesmo determiná-las antes do nascimento. Esses procedimentos já são feitos em espécies vegetais e animais e os chamados de "aprimoramento genético". A ameaça é, como já desejaram alguns na história recente, empregar esta técnica para promover o surgimento de uma "super-raça", ou para a produção de seres humanos "inferiores" que seriam usados em tarefas menos nobres. O ponto mais controverso neste debate é o que permite a reprodução de um mesmo indivíduo. A partir do código genético, pode-se reproduzi-lo para gerar um ou mais seres idênticos ao que forneceu o código.

Essa possibilidade foi confirmada em 1997, quando uma equipe de pesquisadores da Escócia apresentou Dolly, uma ovelha que continha as mesmas características de sua matriz. Essa experiência pode viabilizar o desejo de reproduzir seres vivos iguais – o que permitiria, por exemplo, clonar um grande número de vacas que produzem muito leite. O aspecto negativo da clonagem decorre justamente da sua vantagem: muitos pesquisadores alertam para o fato de que gerações de animais e plantas idênticos ficariam muito suscetíveis a doenças. Uma simples bactéria que venha a ter contato com um indivíduo causando uma doença poderia se proliferar ameaçando toda a população.

Outro aspecto a ser ponderado nas pesquisas sobre diversidade biológica é a possibilidade de expor a espécie humana a micro-organismos ainda completamente desconhecidos. Os pesquisadores alertam para o perigo deles poderem gerarem novas doenças provocando a morte em larga escala. Esta seria uma ameaça à segurança ambiental global.

Também não são conclusivos os estudos sobre a inserção de organismos transgênicos em áreas protegidas. Por isso é preciso cautela e evitar o contato, pois um eventual desequilíbrio no ambiente natural poderia levar à sua destruição.

Porém, a maior consequência do uso e desenvolvimento da biotecnologia combinada à engenharia genética é a possibilidade de livrar-nos da dependência dos recursos naturais não renováveis. Entraríamos, em tese, no "reino da liberdade, nos libertando da necessidade" de lidar com uma base material restrita para produzir os bens usados em nossas vidas. A liberdade viria da oportunidade de reproduzir seres com características que permitissem seu uso pela espécie humana – seja para produzir materiais, combustível ou *chips*, como indicam as pesquisas mais recentes.

A renovação da matéria-prima é algo que preocupa os industriais. Pesquisas em andamento indicam que, em breve, será possível produzir em escala industrial novos materiais a partir de fibras vegetais. Esses materiais poderão ser usados na confecção de carrocerias de automóveis, entre outras aplicações. O uso de óleo de castanha-do-pará empregado em *chips* como lubrificante é um exemplo de como essa possibilidade fica a cada dia mais próxima de ser alcançada.

Outra fonte de preocupação é a proximidade do fim do petróleo. Especulações afirmam que as reservas devem acabar em cerca de trinta a cinquenta anos. Será necessário empregar outras alternativas energéticas como fonte de combustível; o que se vislumbra é um amplo leque de opções, algumas delas baseadas no consumo de biomassa, como o álcool produzido da cana-de-açúcar. A vantagem, nesse caso, é a renovação da planta a cada safra, o que permite planejar a produção e o consumo do combustível.

As projeções de crescimento populacional e o aumento do tempo de vida da população indicam que será preciso ampliar o total de alimentos disponíveis no mundo. A aplicação da engenharia genética pode contribuir na resolução dessa questão com a invenção de alimentos mais proteicos, o que diminuiria a quantidade de alimento consumido. Além disso, ela pode aumentar a produtividade da agricultura. Como consequência, seria necessário empregar uma área menor para prover alimentos a todos, permitindo a recuperação ambiental de algumas partes do planeta.

No campo da saúde, novos remédios e substâncias certamente surgirão a partir da manipulação genética de seres vivos. Nesse caso, a associação ao conhecimento das populações tradicionais facilita e agiliza a descoberta de espécies que contêm princípios ativos capazes de combater nossos males[4].

Diante dessas perspectivas, fica difícil não concordar que essa tecnologia pode trazer inúmeros benefícios, cuja repercussão ainda não pode ser totalmente dimensionada. Ninguém iria contra esses benefícios que ajudariam a melhorar o padrão de vida da humanidade, mesmo que na agricultura, para citar um exemplo, estudos da FAO indiquem que a produção familiar já consiga produzir tanto quanto as grandes fazendas monocultoras, com a vantagem de não empregar agrotóxicos.

Se esse argumento pode ser contraposto aos defensores da engenharia genética, é preciso ampliar a discussão considerando quem produz as tecnologias que permitem manipular os genes dos seres vivos. Como apontamos no capítulo "Dos primeiros tratados à Conferência de Estocolmo", a ciência e a tecnologia são geradas para resolver os problemas de quem pode financiá-las. No caso da produção da biotecnologia e de engenharia genética, constituem-se em mercadorias bem caras.

Essa produção está restrita a poucos grupos transnacionais – destacando-se a Monsanto e a Novartis –, o que não chega a surpreender. O problema é que eles têm desenvolvido tecnologias no mínimo curiosas como, por exemplo, sementes que resistem a determinados defensivos agrícolas – produzidos, aliás, pelo mesmo grupo que conseguiu tal inovação tecnológica. Do ponto de vista da humanidade, seria muito mais interessante que se produzissem sementes resistentes às pragas, mas isso certamente nos levaria ao fim da produção de defensivos agrícolas e diminuiria a gama de produtos dos grupos empresariais do setor.

Outro tipo de mercadoria "engenheirada", como são chamadas aquelas que sofreram alteração de suas características pelo emprego da engenharia genética, são as sementes transgênicas. Nelas são introduzidas características externas à sua formação natural por meio da transferência de genes de outro ser e com o objetivo de dotar-lhe de alguma propriedade. Apesar dos estudos ainda não serem conclusivos acerca de possíveis problemas de saúde que possam surgir nos consumidores, esses grupos empresariais desejam comercializá-los sem comunicar ao cliente a origem do produto. Ora, o comprador tem o direito de saber a origem daquilo que está comprando e muitos – por razões religiosas e/ou por precaução contra possíveis problemas de saúde – podem decidir não adquirir tais mercadorias.

Qual é o limite de tais pesquisas? Ele tem sido estabelecido apenas pelos interesses de quem as financia. É preciso regular este cenário, definindo normas que direcionem as descobertas para interesses mais amplos da sociedade internacional. Nesse campo, não é mais possível esquecer a ética. Se fosse possível simplificar toda a tradição sobre a ética em uma frase, diríamos que ela é uma forma de conduta cujos valores foram acordados entre as partes envolvidas. É preciso avançar na direção de se discutir e estabelecer procedimentos éticos no trato com as tecnologias que envolvem seres vivos – como é o caso da biotecnologia e da engenharia genética. Do contrário, surgirão não apenas novas formas de monopólios, o que não seria propriamente uma novidade, mas, eventualmente, uma fonte de problemas de saúde e ambientais em larga escala.

120

Dá-se hoje uma polêmica envolvendo a biotecnologia. Autores como Rifkin, acreditam que ela configura um novo paradigma, causando uma revolução tecnológica que

> [...] afetará cada um de nós mais direta, substancial e intimamente que qualquer outra revolução tecnológica da história. Só por essa razão, cada ser humano já tem interesse direto e imediato na direção que a biotecnologia tomará no próximo século. Até o presente, o debate sobre essa questão envolveu um limitado grupo de biólogos moleculares, executivos empresariais, planejadores, políticos e críticos. Com a grande quantidade de novas tecnologias que estão sendo introduzidas no mercado e em nossa vida, chegou o momento de estender o diálogo aos benefícios e riscos dessa nova ciência [...] incluindo a sociedade como um todo (Rifkin, 1999: 247).

Contra essa visão, temos autores que advogam que a biotecnologia e a engenharia genética não configuram uma ruptura de paradigma. Dentre eles, destacamos Buttel, que, embora reconheça a importância deste procedimento tecnológico, escreve que a biotecnologia

> [...] é uma tecnologia embrionária; poucos produtos biotecnológicos têm alcançado o mercado, o que é inerente à dificuldade em elaborar modelos de pesquisa e desenvolvimento de uma tecnologia incipiente por muitos anos à frente (Buttel, 1995: 30).

Outro autor considera que

> A biotecnologia não constitui de modo algum uma ameaça, mas produzirá ganhadores e perdedores, como todas as revoluções anteriores promovidas pela tecnologia (Kennedy. 1993: 68-69).

Este é, em nosso entendimento, o ponto central. Trata-se de identificar quem vai ganhar e quem vai perder diante de uma inovação tecnológica importante, como é a biotecnologia. A CB é uma tentativa de organizar este jogo político, reunindo os principais países envolvidos – como os que dominam as tecnologias em biotecnologia e engenharia genética e os que possuem as matrizes naturais *in situ*.

Ao longo do processo de discussão e implementação da CB, os Estados Unidos se mantiveram isolados e não conseguiram sensibilizar com suas teses os demais componentes do G-7 e da Comunidade Europeia, tradicionais aliados. E uma evidência de que, em alguns casos, as armas não importam quando se vai tomar decisões em caráter internacional.

Durante a Rio-92, os Estados Unidos não firmaram a CB, alegando que mantêm a liderança na pesquisa e no desenvolvimento em biotecnologia em nível mundial. Eles estavam afirmando os "interesses nacionais", neste caso dos geradores de tecnologia nas áreas de engenharia genética e biotecnologia. Para isso, não se intimidaram diante da grande quantidade de países que a assinaram já durante a reunião do Rio.

Os Estados Unidos recusavam-se a pagar pelos seres vivos que ocorrem fora de seus domínios territoriais. Recusavam-se a reconhecer, portanto, a autonomia territorial e o uso dos recursos naturais de cada Estado nacional – mesmo que este uso se dê na forma da preservação. Por outro lado, necessitam dos seres vivos para viabilizarem suas pesquisas.

A definição do que é recurso natural está vinculada ao patamar tecnológico existente: é o estoque de conhecimento acumulado pelos seres humanos que vai ditar o que é ou deixa de ser um recurso natural. Ao trabalhar com seres vivos, o paradigma tecnológico da biotecnologia muda consubstancialmente o conceito de recurso natural. Ganham destaque a fauna e a flora. Ora, neste sentido, os países que detêm um estoque de seres vivos passam a ocupar uma posição relevante na ordem ambiental internacional, pois podem fornecer a base material que vai permitir a realização das pesquisas. Este é o caráter estratégico de se possuir e manter ambientes naturais. Daí a reivindicação, por parte dos países periféricos, de algum tipo de remuneração para viabilizarem a conservação das espécies vivas.

Essa tese era radicalmente contrária aos interesses dos Estados Unidos, que insistiram, na figura de George Bush – então presidente do país –, em patentear os seres vivos, bem como os possíveis desenvolvimentos advindos da pesquisa biotecnológica. Em outras palavras: caso uma empresa dos Estados Unidos desenvolvesse um produto a partir de um ser vivo que só existe na Argentina, não pagaria nada àquele país, ficando com a totalidade dos ganhos que viesse a ter. A propriedade intelectual seria da empresa, ainda que a Argentina mantivesse vivo aquele ser em seu hábitat natural, que pertence ao território argentino.

Para qualquer ser vivo da Terra (que não seja da espécie humana), não há limites administrativos que o impeçam de ir e vir – a não ser para aqueles que foram domesticados e vivem em zoológicos, residências ou qualquer outro tipo de confinamento, como a limitação do seu ambiente natural promovida pela devastação. As limitações que evidentemente existem são decorrentes de aspectos do ambiente natural e de possíveis predadores. Assim, algumas espécies não ocorrem em determinadas partes do planeta por restrições ambientais naturais. Mas a tecnologia já equacionou este problema: atualmente é possível reproduzir as condições naturais de um ambiente em outro lugar, desde que se tenha informações dos ambientes e informações genéticas das espécies.

Se por um lado os países centrais já consumiram grande parte de seu ambiente natural (e suas matrizes genéticas), o mesmo não acontece com parte dos países periféricos. A questão passa a ser, agora, o acesso à biotecnologia pelos países periféricos em troca das matrizes para as experimentações pelos países centrais.

Os países periféricos, por seu passado colonial, já têm experiência acumulada sobre a dilapidação dos seus recursos naturais pelas metrópoles.

122

O Brasil viu sair o pau-brasil, o ouro e, mais recentemente, a bauxita, o minério de ferro, novamente o ouro e os recursos genéticos que são retirados do país clandestinamente – prática conhecida como biopirataria. A CB procurou frear o fluxo de mão única que assistimos até então, regulamentando o acesso às tecnologias desenvolvidas pelos países centrais por parte dos países detentores de recursos genéticos, como está escrito no artigo 16:

> Cada Parte Contratante deve adotar medidas legislativas, administrativas ou políticas, conforme o caso, para que essas partes – em particular as que são países em desenvolvimento, que proveem recursos genéticos – tenham garantido o acesso à tecnologia que utilize esses recursos e sua transferência, de comum acordo, incluindo tecnologia protegida por patentes e outros direitos de propriedade intelectual, quando necessário (São Paulo, 1997e: 25).

No que diz respeito à soberania, ficou resguardado às partes, no artigo 15 da CB que dispõe sobre o "Acesso a Recursos Genéticos":

> 1. Em reconhecimento dos direitos soberanos dos Estados sobre seus recursos naturais, a autoridade para determinar o acesso a recursos genéticos pertence aos governos nacionais e está sujeita à legislação nacional (São Paulo, 1997e: 24).

Não bastasse essa passagem, a soberania foi destacada como um princípio nos seguintes termos do artigo 3:

> Os Estados, em conformidade com a Carta das Nações Unidas e com os princípios do Direito Internacional, têm o direito soberano de explorar seus próprios recursos segundo suas políticas ambientais e a responsabilidade de assegurar que atividades sob sua jurisdição ou controle não causem dano ao meio ambiente de outros Estados ou de áreas além dos limites da jurisdição nacional (São Paulo, 1997e: 17).

O disposto acima representou uma vitória dos países detentores de recursos genéticos, em especial para aqueles que integram o grupo dos países periféricos. Em levantamento da *Conservation Inrernational* de 1997, identifica-se que entre 17 países detentores de grande diversidade biológica, apenas os Estados Unidos e a Austrália são desenvolvidos. Ambos os países, e em especial o primeiro, defenderam uma gestão internacional sobre os recursos genéticos que ocorrem em áreas naturais, o que acabaria com a soberania dos países detentores de material genético.

No processo verificado na Declaração de Florestas, ocorreu um enfrentamento entre a Malásia e os Estados Unidos. Tradicional fornecedor de madeira e de papel, a Malásia firmava posição na direção da não preservação das florestas, justificando que, os países periféricos não poderiam alterar seu modelo econômico, dadas as condições da crescente pobreza interna. Apontava, ainda, para o fato de que, ao não alterarem seu padrão de consumo, e, portanto, do consumo dos recursos naturais e energéticos, os países centrais mantinham os níveis de emissão de gases poluentes na atmosfera, não contribuindo para a redução dos problemas referentes ao possível aquecimento do planeta.

Os Estados Unidos, preocupados em manter as fontes para desenvolver pesquisas em biotecnologia, insistiam em medidas mais rígidas para a preservação das florestas, pressionando na direção de se criar uma convenção sobre o tema. Novamente vimos uma tentativa de regulamentar o uso dos recursos naturais desses Estados-nação pelos Estados Unidos. Tratava-se de manter o estoque genético dos países periféricos, que ainda está longe de ser conhecido nas suas características e possíveis aplicações.

Nesse momento, a estratégia dos Estados Unidos torna-se explícita. Procurando demonstrar força externa para o público interno – numa conjuntura eleitoral – o presidente daquele país firmava a posição da sua hegemonia no planeta. Não assinou a convenção que o obrigaria a pagar – ainda que na forma de repasse de conhecimento científico e tecnológico pelas matrizes que utiliza, ao mesmo tempo que procurou determinar o uso dos ambientes naturais dos países impondo a preservação – também sem remuneração. Foi derrotado, no entanto, em sua política externa. O isolamento dos Estados Unidos na CB, que não foram acompanhados pelos demais integrantes do G-7, e a não regulamentação do uso das florestas na forma de convenção são mostras disso. Além disso, Bush perdeu a eleição para Bill Clinton, cujo vice, Al Gore, tinha uma importante base eleitoral no movimento ambientalista do país, a qual pressionou a nova administração a assinar a CB. Os Estados Unidos, embora tenham se tornado parte em 4 de junho de 1993, último dia para assiná-la na sede da ONU, – e no primeiro ano da administração Clinton – ainda não a ratificaram; passados seis anos de sua adesão.

No arranjo interno ao G-7, assistimos a posições mais avançadas que a dos Estados Unidos expressas pelos países europeus, que se tornaram signatários da CB no Rio de Janeiro. O Japão, apresentou-se de maneira autônoma ao seu tradicional aliado e firmou a declaração.

Outro componente presente na convenção foi a concepção de um desenvolvimento sustentável, como aparece no Artigo 2:

> "Utilização sustentável" significa a utilização de componentes da diversidade biológica de modo e em ritmo tais que não levem, a longo prazo, à diminuição da diversidade biológica, mantendo assim seu potencial para atender às necessidades e aspirações das gerações futuras e presentes (São Paulo, 1997e:17).

A CB entrou em vigor em 29 de dezembro de 1993. Em julho de 1996, contabilizava-se 152 países signatários, chegando a 175 no final de 1999, dos quais 168 a ratificaram.

A Convenção de Mudanças Climáticas

No início da década de 1990, a Assembleia Geral da ONU encomendou ao *Intergovernmental Panel on Climate Change* (IPCC) um estudo sobre as mudanças climáticas. O IPCC envolveu cerca de 300 cientistas de vinte países neste trabalho e divulgou algumas conclusões importantes.

A primeira delas foi a comprovação de que a temperatura média da Terra está se elevando. Os dados do IPCC indicavam que a variação positiva da temperatura do planeta está oscilando entre 0,3°C e 0,6°C por década. Mais que isso, os cientistas detectaram dois períodos de aquecimento mais intenso da Terra: de 1920 a 1940 e de 1975 até 1990.

A segunda conclusão surgiu em torno das consequências desse aumento da temperatura: será afetada a dinâmica dos sistemas naturais, resultando em uma elevação do nível do mar, a partir do derretimento das calotas polares, pondo em risco os interesses de países insulares, como o Japão, e as cidades que se localizam à beira-mar. Além disso, a distribuição das chuvas passará por alterações, transformando áreas atualmente úmidas em áreas mais secas e eventuais áreas semiáridas em áreas úmidas (Mintzer e Leonard, 1994: 5-6).

Outro consenso foi a constatação de uma maior presença de gases que intensificam o efeito-estufa (gases estufa) na atmosfera[5]. A partir deste ponto começaram a ficar explícitas as divergências que ocorreram (e permanecem) em função das causas do aquecimento da Terra.

Duas correntes científicas procuram explicar o aumento da temperatura apresentando argumentos diferentes. Uma delas destaca a ação antrópica, identificando na sociedade industrial o elemento desencadeador do aumento da intensidade das mudanças climáticas: a civilização do combustível fóssil seria a responsável pela intensificação do CO_2 na atmosfera, principalmente devido ao uso de automóveis.

Outros pesquisadores argumentam que não há conhecimento científico suficiente sobre a dinâmica climática da Terra capaz de sustentar a posição anterior. Segundo eles, o aumento da temperatura pode estar vinculado a processos naturais. Esse debate, tendo na ciência sua base de sustentação, influencia as negociações internacionais sobre as mudanças climáticas.

Ao longo dos Prepcon duas posições centralizaram o debate: a que desejava estabelecer um índice *per capita* de emissão de gases na atmosfera, taxando o país que ultrapassasse tal índice e criando assim um fundo para pesquisas ambientais; e a postura contrária a esta – vencedora no embate – que procurou esvaziar a ameaça das mudanças climáticas em função da inexistência de dados mais objetivos sobre a questão, embora reconhecendo a necessidade de manter os níveis de emissão de gases na atmosfera.

Assistimos a uma polarização entre os Estados Unidos e a Malásia, respectivamente o país que mais emite gases estufa na atmosfera e um dos maiores detentores de florestas no mundo, liderança do G-7. A Malásia advogava na direção de se introduzirem índices de emissão de gases estufa *per capita*, taxando os países que o ultrapassassem, gerando com isso fundo para pesquisas ambientais. Ao mesmo tempo, o país queria recursos para manter as florestas, que servem como sumidouro do CO_2.

A Malásia contava com o apoio dos países das ilhas do Pacífico e estes articularam-se em torno de Tuvalu, indicado porta-voz do grupo. Até o Prepcon de Nova York, o último antes da CNUMAD, o Japão esboçava um tímido apoio às teses da Malásia. Os delegados daquele país foram, porém, convencidos pelos argumentos da delegação dos Estados Unidos de que as mudanças climáticas não representavam tanto perigo quanto indicavam ambientalistas, partidos e cientistas.

Os Estados Unidos tinham como aliados os países exportadores de petróleo, que não admitiam a fixação de índices de emissão de poluentes a partir de derivados de petróleo sem que se aprofundassem ainda mais os estudos. No G-7, a posição era de se estabelecer um índice para o ano 2000, tese que o presidente George Bush não considerava, tendo em vista que defendia o controle de emissão de maneira autônoma, segundo metas estabelecidas por cada signatário.

Até a realização da CNUMAD, o grupo de estudos do IPCC ainda não havia divulgado os resultados de seu trabalho. Como não havia a confirmação científica do aquecimento da Terra, elaborou-se um texto tênue. De mais concreto, a CMC indica a ampliação das pesquisas sobre as consequências da ação antrópica na dinâmica da atmosfera. A posição vencedora, capitaneada pelos Estados Unidos, não representou mudanças na sociedade de consumo.

A CMC não significou a solução para os problemas advindos do aquecimento global. A decisão de maior destaque entre seus participantes está no artigo 4, que estabeleceu para as partes a manutenção dos níveis de emissão de 1990 dos gases estufa a partir do ano 2000 para os países desenvolvidos. Esses países devem apresentar

> informações pormenorizadas sobre [...] a projeção resultante de suas emissões antrópicas por fontes e de remoções por sumidouros de gases de efeito-estufa não controlados pelo Protocolo de Montreal [...] com a finalidade de que essas emissões antrópicas de dióxido de carbono e de outros gases de efeito estufa não controlados pelo Protocolo de Montreal voltem, individual ou conjuntamente, aos níveis de 1990 (São Paulo, 1997f: 26).

De tal decisão, cabe interrogar: os índices de 1990 são suficientes para impedir o agravamento das condições climáticas e a elevação da temperatura do planeta?

Ainda que não tenhamos um consenso na comunidade científica sobre as origens do aquecimento do planeta, um maior controle de emissão de gases estufa deveria ser implantado ao menos como uma atitude preventiva.

Nos termos acordados no Rio de Janeiro, os países centrais, ao congelarem os índices de emissão de gases estufa segundo aqueles de 1990, adquiriram o direito de manter seu padrão de consumo. Ao mesmo tempo, restringiram qualquer possibilidade dos países periféricos de implementarem um aumento de emissão de gases estufa na atmosfera.

Esse fato foi questionado pelas ONGs nas reuniões do Comitê de Negociações Intergovernamental – composto pelos países signatários da CMC e ONGs – que se deram após a CNUMAD. As primeiras conclusões do Comitê foram de que a CMC é inadequada, pois permitiu aos países signatários congelarem seu privilégio de emitir gases estufa. As pressões para mudar esse cenário, oriundas principalmente das organizações não governamentais, buscavam a revisão da CMC já na Primeira Conferência das Partes, que ocorreu em abril de 1995, em Berlim, Alemanha.

As ameaças à segurança ambiental global que as mudanças climáticas acarretam foram simplesmente negligenciadas pelos Estados Unidos, neste caso em aliança com os países exportadores de petróleo. Se o país perdeu no debate em relação ao acesso aos recursos genéticos, ganhou com ampla vantagem na discussão sobre as mudanças climáticas.

A Agenda XXI

A *Agenda XXI* pretendia ser um plano de ação para os problemas ambientais de aplicação imediata; foi nela que se decidiu sobre os recursos para as medidas necessárias ao rearranjo proposto, na direção do binômio conservação ambiental e desenvolvimento. Essa reorganização foi orçada em US$ 600 bilhões.

Pautada de maneira indireta, a pobreza apareceu na *Agenda XXI*[6]. O documento dispõe do repasse de recursos para viabilizar os projetos ambientais e de combate à pobreza, pois assume que ela leva à ocupação de novas áreas naturais e à degradação do ambiente. Também conceitua as comunidades locais, nome dado pela ONU aos povos que vivem sem a organização de Estados, reconhecendo sua importância e a necessidade de mantê-los vivos. Essas comunidades representam formas alternativas de reprodução da vida pela espécie humana, bem como dispõem de um saber que interessa ao Ocidente.

A discussão começou com um resgate de uma resolução da Conferência de Estocolmo, na qual os países centrais repassariam 0,7% do seu PIB para os países periféricos. A inversão de fluxos de capital era o objetivo desta medida, tendo em vista que, tradicionalmente, os países periféricos são "exportadores" de capital, na forma de remessa de lucros, pagamento de dívidas e tecnologia.

Duas posições surgiram: os países centrais que assinavam o compromisso, mas não fixavam data para implementá-lo; e os que assinaram e queriam o início o mais breve possível, insistindo em estabelecer uma data que girava em torno de 1995. A tese alemã acabou sendo a vencedora, reconhecendo o compromisso do repasse a partir do ano 2000, sem fixar, porém, seu início. A ausência desses recursos esvaziou a *Agenda XXI*, que ficou como um plano de intenções, sem recursos para sua implementação.

Embora com pequena dotação orçamentária para ser operacionalizada, na *Agenda XXI* temos aspectos importantes para a regulamentação das relações ambientais mundiais. E lá que estão os referenciais sobre mecanismos de gestão dos recursos naturais, de participação da sociedade civil e de reconhecimento da importância das comunidades locais, para citar alguns.

Mas ela foi esquecida. Os recursos não chegaram: obteve-se pouco mais que US$ 15 bilhões do total previsto. Tampouco houve mobilização política para atraí-los.

Na primeira parte da *Agenda XXI* constam recomendações sociais e econômicas. Na lista de tarefas encontra-se a mudança dos padrões de consumo, a busca do desenvolvimento sustentável e o combate à pobreza, dentre outros temas.

Na segunda parte, têm-se medidas para a conservação dos ambientes naturais. Os pontos de destaque são: o combate ao desmatamento, a conservação da diversidade biológica, a proteção da atmosfera e dos oceanos e a elaboração de formas de intervenção em ambientes muito sensíveis à degradação, visando a minimização dos impactos ambientais. Nesse item, alguns avanços podem ser notados, em especial no que diz respeito à conservação dos recursos genéticos. No caso do Brasil, tivemos a criação do Programa Nacional da Biodiversidade, na esfera federal, e do Programa Estadual para a Conservação da Biodiversidade (Probio), no estado de São Paulo.

Na terceira parte da *Agenda XXI*, propõe-se a participação das mulheres, das crianças e das comunidades locais nas decisões. Seria uma maneira de atender às demandas de grupos sociais que têm sido marginalizados ao longo dos anos.

A última seção da *Agenda XXI* dispõe formas que viabilizariam as ações sugeridas anteriormente. O repasse de tecnologia dos países centrais para os pobres é apontado como fundamental para ajudar a encaminhar a resolução dos desajustes dos últimos. Também indica o alívio da dívida externa dos países em desenvolvimento como estratégia para conduzi-los ao desenvolvimento sustentável. As duas recomendações não foram aplicadas pelos países credores e/ou geradores de tecnologia.

Fórum Internacional das ONGs e Movimentos Sociais
no âmbito do Fórum Global

O Fórum Internacional das ONGs e Movimentos Sociais no âmbito do Fórum Global – Fibongs – foi um marco na realização da CNUMAD. Reunindo mais de três mil participantes que organizaram mais de dois mil seminários ao longo de dez dias de intenso trabalho, dele saíram as mais duras críticas à CNUMAD. Elas, porém, não desencadearam resultados expressivos nas negociações.

Um dos avanços da reunião das ONGs foi a incorporação, pelo menos até a CNUMAD, dos movimentos sociais à temática ambiental. Pela primeira vez assistimos ao encontro – não apenas entre representantes do Brasil – de sindicalistas, líderes comunitários e religiosos discutindo a questão ambiental. Era uma sinalização que provocava a esperança de uma possível união entre "verdes" e os movimentos sociais que, infelizmente, não conseguiu se firmar.

A atuação das ONGs na CNUMAD foi intensa, sem chegar, porém, a resultados expressivos. A principal orientação era a de exercer a função de lobista, procurando persuadir representantes das delegações a votarem nas propostas originadas das discussões entre as ONGs. Além disso, os cerca de 1600 representantes de ONGs na reunião oficial – parte deles integrando delegações oficiais – tinham como tarefa conseguir informações relevantes para repassá-las ao Fibongs.

No evento paralelo, a situação era outra. Prevendo que a CNUMAD seria muito restrita, lideranças ambientalistas propuseram que a sociedade civil elaborasse tratados para estabelecer compromissos em busca de um ambiente saudável e de uma sociedade mais justa. Como resultado de reuniões preparatórias para o Fibongs, chegou-se a mais de trinta tratados, a duas declarações – a Declaração do Povo da Terra e a Declaração do Rio – e à *Carta da Terra*[7]. Cada ONG poderia firmar até três tratados, embora pudesse se comprometer a implementar a todos.

As ONGs discutiram a pobreza, o estilo de vida, a questão urbana, o racismo, a educação ambiental, entre outros temas. Entretanto, quase nada conseguiram de concreto em relação à CNUMAD. Seu papel fundamental foi o de mobilizar a opinião pública internacional e de denunciar a restrita pauta da reunião de chefes de Estado.

É importante caracterizar que a chamada polaridade Norte/Sul não foi verificada na CNUMAD. Nesse sentido, assistimos a uma ação geopolítica na qual os países ora atuavam de maneira bilateral, ora atuavam blocos. Menos que uma simples polaridade Norte/Sul, vimos posições bastante diferenciadas no interior do "Norte" e do "Sul". Alguns países isolaram-se, marcando suas intenções na direção do desenvolvimentismo ou do distributivismo; outros, reivindicavam medidas urgentes na direção de uma sociedade planetária mais equânime socialmente e ambientalmente responsável. Novos alinhamentos deram-se, produzindo arranjos geopolíticos próprios à temática ambiental.

Alguns países do Sul voltaram-se para uma atitude desenvolvimentista, indo atrás de tecnologia. Outros, preocupavam-se apenas em conseguir recursos para a preservação ambiental.

Quanto ao Norte, as posições dos Estados Unidos na direção dos seus interesses destacaram-se dos demais. Entretanto, eles não foram alcançados plenamente. Na CB, o texto final afrontou a proposta do país. Já na CMC ocorreu justamente o contrário, com a adoção quase que integral das sugestões dos Estados Unidos.

A Comunidade Europeia firmou os protocolos pois possui internamente instrumentos de gestão ambiental ainda mais avançados que os estabelecidos. O Japão, ora atuou de maneira autônoma, ora juntou-se aos Estados Unidos.

Estes foram alguns dos ecos da CNUMAD. Neste caso, o ambiente natural foi entendido pelos países envolvidos como um instrumento a serviço da sociedade de consumo. Na ordem ambiental internacional, o ambiente ainda é tido como algo exterior à representação da vida. Mais que isso, a sociedade hegemônica (de base ocidental) recria a própria vida, reproduzindo-a em laboratórios de pesquisa. Pensa e produz o ambiente como recurso natural. Mesmo com a consciência da limitação dos recursos, não se propôs, na CNUMAD, a transformação das relações que reproduzem a vida – inclusive a humana – como fora veiculado por seus organizadores.

Certamente, a maior contribuição da CNUMAD foi difundir a temática ambiental pelo mundo. Depois da sua realização, a pauta política incorporou o ambiente. Se isso ainda não representa uma possibilidade de transformação – o que seria difícil se lembrarmos que a maior parte da ordem ambiental internacional opera segundo as instituições das Nações Unidas – ao menos está sendo construído um sistema para regular as ações humanas e os impactos que elas geram no ambiente.

Apesar de se divulgar que "o mundo estava em nossas mãos" e que era a derradeira oportunidade de salvar a Terra para as gerações futuras, as posições dos principais países basearam-se no realismo político. Os Estados Unidos, por exemplo, assinaram apenas os documentos que salvaguardavam seus interesses, como a Declaração de Florestas e a CMC. Entre os países periféricos, a posição realista foi reafirmada na CB, quando conseguiram grafar o direito às tecnologias e aos processos advindos de suas matrizes de informação genética.

A CNUMAD não foi o começo nem o fim da ordem ambiental internacional, mas ao menos garantiu a participação das ONGs, o que pode ser um indício de uma maior abertura à sociedade. Depois dela, ocorreriam novas rodadas, das quais trataremos a seguir.

130

NOTAS

[1] Durante o debate em torno da elaboração da Constituição de 1988, muitos proprietários de terras na Amazônia – imaginando que suas propriedades estavam ameaçadas diante de uma possível reforma agrária estabelecida no texto constitucional – passaram a realizar queimadas na mata, tentando com isso configurar suas terras como produtivas e escapar da desapropriação para fins de reforma agrária. Isso aumentou enormemente os focos de fogo na mata, despertando a atenção internacional para o problema. Para uma análise da devastação dos recursos minerais e florestais da Amazônia, ver OLIVEIRA (1987), VALVERDE (1989) e AB'SÁBER (1996).

[2] A posição do governo brasileiro nesta reunião foi publicada na obra *O desafio do desenvolvimento sustentável* (BRASIL. Presidência da República. Comissão Interministerial para Preparação da Conferência das Nações Unidas sobre Meio Ambiente e Desenvolvimento, 1991) na qual encontra-se uma descrição dos problemas ambientais do país e um balisamento das posições externas do governo nas negociações preparatórias.

[3] O *Nosso Futuro Comum*, que também ficou conhecido como *Relatório Brundtland* (Comissão Mundial sobre Meio Ambiente e Desenvolvimento, 1988) é produto do trabalho de uma comissão de 21 membros de diversos países que, entre 1983 e 1987, estudaram a degradação ambiental e econômica do planeta, propondo soluções para os problemas detectados no âmbito do desenvolvimento sustentável. Para uma interpretação deste relatório, ver Bermann (1992). Herculano (1992), Malmon (Coord. 1992), Oliveira (1992), Waldmann (1992a), Gonçalves (1996), Ribeiro *et al.* (1996), Sachs (1993), Cavalcanti (org. 1995), Christofoletti *et al.* (orgs. 1995), Viola *et al.* (1995), Vieira e Weber (orgs. 1997) e Castro e Pinton (orgs. 1997). Uma ideia alternativa ao desenvolvimento sustentável é apresentada por Alier (1998): para o economista espanhol, a população carente é ambientalista sem afirmar-se como tal, dado seu baixo consumo de produtos.

[4] Objeto de estudo dos antropólogos e geógrafos, o imaginário de outros grupos sociais não ocidentais é um contraponto interessante para a concepção hegemônica do ambiente, cujo caráter essencialmente utilitarista começa a ser questionado. Assistimos o estudo de outros grupos sociais com o objetivo de apreender as técnicas de manejo do ambiente em que vivem, numa tentativa de ganhar tempo na corrida para descobrir as potencialidades de seres vivos até então não valorizados. Ao aprender com povos indígenas da Amazônia, por exemplo, a preparação de remédios ou alimentos, menos que um intercâmbio cultural, objetiva-se incorporar aquele "saber-fazer" para produzi-lo na escala da sociedade de consumo de massa. Porém, olhar para esses modos de vida humana alternativos à sociedade de consumo pode indicar caminhos no necessário recriar das relações humanizadas, colocadas em questão a partir do momento em que os conhecimentos científico e tecnológico indicam problemas que envolvem a própria subsistência da espécie humana. Na viagem da história humana, a civilização Ocidental volta-se para os selvagens que combateu e catequizou há alguns séculos atrás [...] buscando novas "velhas" referências para a reprodução da vida.

A procura pelo conhecimento das comunidades locais – como os povos indígenas, os quilombeiros, os caboclos e os caiçaras – tem aberto uma nova frente de luta para este segmento da sociedade. Trata-se do reconhecimento de seu "saber fazer" e do pagamento pelo seu uso no desenvolvimento de qualquer produto. Entre as lideranças políticas envolvidas neste debate, destaque-se a professora de história e senadora Marina Silva, do Partido dos Trabalhadores pelo Acre, já foi homenageada mesmo fora do país por esta luta.

[5] O efeito-estufa ocorre naturalmente na Terra e é o responsável pelo surgimento da vida, pois mantém as condições climáticas nos níveis atuais. Ele ocorre devido à presença de uma camada de gases que absorve parte da radiação solar e impede que ela retorne à atmosfera. Se

131

esse efeito for intensificado a partir da concentração elevada dos gases estufa, a temperatura terrestre poderá elevar-se a ponto de impedir a reprodução da vida humana. Os principais gases-estufa são: o gás carbônico (CO_2) produzido a partir da combustão de combustíveis fósseis ou da queima de áreas naturais como ocorre na Floresta Amazônica; o metano (CH_4) produto das atividades agrícolas; os compostos de Clorofluorcarbono (CFC), gás que não se encontra no ambiente natural, sendo produzido em escala industrial e empregado em máquinas usadas para refrigerar. como geladeiras, freezers e condicionadores de ar. Com menor participação temos o óxido nitroso (N_2O), o ozônio (O_3) e o vapor d'água (H_2O).

[6] Para uma interpretação da *Agenda xxi*, ver Barbieri (1997).

[7] Os tratados foram publicados em *Tratados das ONGs*, 1992.

A ORDEM AMBIENTAL INTERNACIONAL
APÓS A CNUMAD

Após a CNUMAD, outros organismos para a regulação de relações internacionais sobre o ambiente foram propostos, intervindo diretamente na construção da ordem ambiental internacional. Referimo-nos à reunião que resultou na criação da Organização Mundial do Comércio – OMC, às Reuniões das Partes da CB e da CMC e à instalação de um sistema de qualidade ambiental, instituído por meio da série ISO 14000. Outro ponto de destaque foi a realização da Convenção para o Combate à Desertificação Conferência das Nações Unidas para Combater a Desertificação nos Países Seriamente Afetados pela Seca e/ou Desertificação, em especial na África – CD, em Paris, em 1994. Todos estes elementos configurarão uma complexa rede de ações internacionais, como veremos a seguir.

OUTROS ORGANISMOS INTERNACIONAIS E O AMBIENTE

Uma das evidências da importância da temática ambiental é a sua incorporação por outros organismos internacionais, como a OMC, que será destacada a seguir.

A Organização Mundial do Comércio

A OMC, originária das rodadas de negociação do Gatt, foi gestada paralelamente às reuniões da CNUMAD. Esse organismo multilateral tem como objetivo estabelecer mecanismos que facilitem o comércio internacional. Diversos interesses fizeram porém, com que ela abrigasse, entre suas atribuições, o controle sobre serviços e, principalmente, sobre a propriedade industrial, na forma de patente e *copyright* (Primo Braga, 1994: 283).

O aumento da venda de tecnologia levou à regulamentação das relações comerciais em escala internacional. E evidente que os países mais interessados em estabelecer um ajuste no comércio eram os produtores de conhecimento aplicado, como os Estados Unidos. Eles tiveram um papel decisivo no concerto das nações envolvidas nas rodadas do Gatt. Mas não pararam aí. Envolveram países na adoção de leis internas de propriedade intelectual[1].

Como forma de pressionar os países a adotarem leis brandas, isto é, que servissem a seus interesses, os Estados Unidos ameaçavam utilizar um dispositivo interno que impõe sanções a parceiros comerciais. Trata-se da *Omnibus Trade and Competitiveness Act,* conhecida mundialmente como Lei *Special* 301, de 1988. Com esse mecanismo, os Estados Unidos estabeleceram a possibilidade de instituir medidas,como o bloqueio de importação ou exigências técnicas impossíveis de serem alcançadas, aos seus parceiros comerciais (Goyos Jr., 1994: 132).

Além disso, os Estados Unidos enfraqueceram a Organização Mundial da Propriedade Intelectual (Wipo), criada em 1967. A principal razão para isso é o fato desse organismo multilateral não prever sanções aos países que se recusam a cumprir o acordado. Na verdade, a Wipo acabou sendo útil apenas por permitir o registro mundial de marcas e *designs*, sem avançar muito no campo da propriedade intelectual. Tal brecha foi aproveitada pelos Estados Unidos para forçarem a inclusão do tema, de acordo com seus interesses, na OMC. O país obteve total êxito em sua iniciativa. Ao contrário da experiência da CNUMAD, na OMC o peso dos países periféricos nas decisões foi bastante reduzido. Disso resultou, por exemplo, o reconhecimento do patenteamento de micro-organismos – posição contrária à da CB e aos interesses dos países detentores de grande estoque genético, como o Brasil.

A consequência mais grave deste confronto de acordos é jurídica. Nenhum jurista do mundo até o momento opinou sobre o seguinte problema: quando ocorrer uma divergência entre países signatários da Convenção sobre a Diversidade Biológica e da OMC, qual dos textos terá validade jurídica? A resposta está por vir, quando surgir uma situação concreta. Por enquanto, existem apenas especulações. Espera-se que um país detentor de tecnologia apoie suas teses na OMC, o que o desobrigaria de cumprir o acertado na Convenção. O contrário é esperado para um país detentor de recursos genéticos: imagina-se que eles possam sacar os argumentos da

Convenção, reivindicando o acesso à tecnologia usada no aprimoramento genético de seres vivos que ocorrem em seu território. Também especula-se que valeria o princípio da precedência, o que privilegia as normas da CB que foram geradas antes da OMC.

A série ISO 14000

Outra referência multilateral é o sistema de qualidade e gestão ambiental que ficou conhecido como ISO 14000. Na verdade, trata-se da implementação de uma das resoluções da *Agenda XXI*, que criou o grupo de trabalho TC-207. Este grupo, composto por diversos países, passou a se reunir para estabelecer normas de certificação de qualidade ambiental para grupos empresariais.

A certificação ocorreria a partir de uma empresa homologadora, que fiscalizaria as empresas certificadas. Para pleitear um certificado da série ISO 14000, uma indústria deve tomar medidas para reduzir os problemas ambientais causados pelos processos produtivos que emprega. Além disso, os impactos ambientais do produto têm de ser analisados desde as fontes energéticas que vai consumir, passando pelos materiais, sua vida útil e destinação após o uso. Outra inovação importante da série ISO 14000 é que a responsabilidade jurídica de possíveis problemas ambientais fica para o proprietário (ou acionista majoritário) da empresa, em vez de recair isoladamente sobre um técnico.

A série ISO 14000 gerou novas especulações. Uma delas diz respeito à possibilidade de se criar mecanismos protecionistas, com os países exigindo certificação para a entrada de produtos importados.

Outra especulação decorre de uma brecha na legislação que criou a série. Decidiu-se que a certificação vai se valer das normas ambientais do país. Assim, um país que impõe um menor controle ambiental poderia certificar um produto que, em outro país, seria desclassificado. Para a empresa, a principal vantagem seria o selo impresso na embalagem, pouco importando se ele foi conseguido a partir de leis mais ou menos exigentes.

AS CONFERÊNCIAS DAS PARTES DAS CONVENÇÕES DA CNUMAD

Em 1997, chefes de Estado reunidos em Nova York realizaram uma avaliação das decisões da CNUMAD, procurando quantificar o que havia sido implementado. Os resultados foram desanimadores. Quase nada havia sido realizado e as perspectivas eram ainda piores. O *Earth Summit*, como ficou conhecido, resolveu intensificar as ações na área ambiental e implementar novos financiamentos para os países sem recursos para aplicar um manejo sustentado em suas reservas.

Já no Rio de Janeiro ocorreu, também em 1997, a Rio+5, evento organizado por ONGs, fechado ao público para avaliar o que havia sido implementado da CNUMAD. Nesse caso, as conclusões foram praticamente as mesmas que a do grupo oficial. Quase nada do acordado havia ganhado caráter operacional. Apesar disso, lentamente encontram-se avanços na direção de construir uma medida internacional que garanta a todos as condições de habitabilidade. Conforme estabelecido em documentos firmados no Rio de Janeiro, ocorreram várias reuniões entre as partes da CB e da CMC, que veremos a seguir. Iniciaremos com as discussões sobre biossegurança, travadas pelas Partes da CB. Depois, abordaremos as discussões sobre mudanças climáticas envolvendo as partes da CMC.

As discussões sobre biossegurança

O conceito de biossegurança também compõe a ordem ambiental internacional, quando estudamos a biodiversidade. Como vimos, por biossegurança entende-se a garantia de que as condições de habitabilidade da espécie humana na Terra sejam mantidas. Isso envolve uma infinidade de campos, como, por exemplo, o da produção de alimentos. Nesse caso, os cuidados são direcionados para evitar o surgimento de pragas que ameacem as culturas e os animais produzidos para o abastecimento humano.

A questão ética permeia todo o debate sobre biossegurança. Ela envolve a clonagem (reprodução) de seres vivos e de seres humanos, bem como procura restringir as pesquisas científicas e tecnológicas para evitar que deslizes gerem seres incontroláveis. Este é seu aspecto mais controverso, tendo pois muitos cientistas se opõem a ter suas atividades vigiadas, alegando uma possível queda no número de descobertas científicas.

Outro aspecto ético diz respeito ao direito dos seres humanos alterarem os demais seres vivos de acordo com suas necessidades. Na verdade, embora isso já ocorra há muito tempo, a possibilidade de projetar um ser vivo é algo relativamente novo que, como alegam os que tentam impedir a manipulação genética, pode gerar riscos à dinâmica planetária.

Por fim, mas não menos importante, surge a polêmica sobre o que é realmente uma inovação tecnológica quando se trata de engenharia genética. Alterar o código genético consiste em inovação? Até que ponto aquilo não ocorreria por intermédio da evolução natural ou em uma mutação genética? Estas questões alimentam o debate, que deverá ser muito aprofundado.

Para tratar deste rol de temas, as partes da CB realizaram uma série de reuniões. Na primeira delas, que ocorreu em Nassau, Bahamas, em novembro

136

e dezembro de 1994, estabeleceram-se as normas de funcionamento das reuniões das partes.

Na segunda reunião das partes da CB, realizada em Jacarta, Indonésia, em novembro de 1995, definiu-se pelo estabelecimento de um protocolo específico para a biossegurança. Para iniciar os estudos que subsidiariam os elaboradores do protocolo, foi criado um Grupo de Trabalho para Biossegurança. Os objetivos deste grupo eram vistoriar a manipulação de organismos, seus riscos e sucessos, procurando impedir que alguma falha possa gerar ameaças à vida na Terra. Para tal, ele reuniu especialistas de todas as partes do mundo, que se dedicam a estudar o desenvolvimento de organismos geneticamente melhorados.

Buenos Aires, Argentina, seria a terceira reunião das partes da CB, em novembro de 1996. Na ocasião, a pauta esteve voltada para o acesso ao conhecimento das comunidades tradicionais e ao uso sustentado das reservas naturais.

Na Quarta Conferência das Partes da Convenção sobre Diversidade Biológica, realizada em Bratislava, Eslováquia, em maio de 1998, as discussões foram a respeito da biossegurança, do turismo ecológico como alternativa de preservação ambiental, da participação das comunidades locais em projetos de manutenção de estoque genético e da biodiversidade em águas interiores (lagos, rios e represas) no mar e na costa. Estiveram presentes nesta reunião mais de cem países signatários da CB.

Dentre as decisões da reunião de Brastislava, cabe destacar o reforço da atividade turística como possibilidade de uso sustentado de áreas naturais. A Reunião de Ministros, ocorrida nos primeiros dias da Conferência, apontou a importância de se envolver a comunidade local em atividades turísticas e recomendou-se que as experiências nacionais sejam relatadas na Conferência das Partes de 2000, em Nairobi, no Quênia.

Decidiu-se elaborar um protocolo que regule a cooperação técnica envolvendo países que possuem estoque genético e os que dispõem de tecnologia em engenharia genética e em biotecnologia. Incentivou-se também a realização de parcerias multilaterais.

A discussão do tema da biossegurança não demonstrou avanços. Decidiu-se acatar a sugestão de muitos países para realizar mais duas reuniões e uma Conferência das Partes Extraordinária para deliberar sobre o controle da manipulação genética. Esse é um dos mais relevantes assuntos da CB, posto que vai regular a coleta, o transporte e o uso das matrizes genéticas e das técnicas de engenharia genética e biotecnologia de maneira que não ameace a reprodução da vida humana na Terra. Seu objetivo é evitar, por exemplo, a contaminação de culturas como o trigo, a soja, o arroz e a batata – base alimentar do mundo – por novos micro-organismos ou pelo surgimento de alguma praga desenvolvida a partir do uso inadequado das técnicas de manipulação genética.

A questão que nos parece mais substantiva, porém, advém da relação entre a CB com outros tratados internacionais sobre o ambiente. O grupo de trabalho que abordou este aspecto percebeu ser a temática abarcada pela Convenção sombreada por outros instrumentos, entre eles o que regula a propriedade intelectual. Este último, reconhece o patenteamento de micro-organismos, o que não consta da CB. Como já vimos, isso pode representar um problema: quando países signatários dos dois documentos estiverem envolvidos em uma controvérsia, qual será usado para julgá-la? O debate prossegue. Decidiu-se criar um grupo de trabalho para averiguar melhor a questão, embora já tenha sido discutida a tese da precedência da CB sobre o outro tratado.

As discussões sobre mudanças climáticas

Após a CNUMAD, uma série de reuniões alteraram as negociações internacionais sobre as mudanças climáticas. A primeira Conferência das Partes da CMC ocorreu em Berlim, em 1994. A segunda teve lugar em Genebra, em 1996; a terceira em Kyoto, em 1997 – quando se estabeleceu o Protocolo de Kyoto (PK); a quarta em Buenos Aires e a quinta deu-se em Bonn.

O maior objetivo da Primeira Conferência das Partes da CMC foi implementar ajustes mais rígidos em relação ao controle da emissão de gases estufa na atmosfera. Entretanto, nem mesmo o consenso dos pesquisadores em torno do aumento da temperatura no planeta permitiu que propostas mais avançadas fossem discutidas – como por exemplo, a dos países insulares e da Alemanha. Tais países advogaram pela redução de 20% dos índices de CO_2 até 2005, tendo como base o total emitido em 1990.

Em Berlim aprovou-se que, para o ano de 2000, fossem mantidos pelos países desenvolvidos os mesmos níveis de emissão de CO_2 medidos em 1990. Além disso, instituiu-se um grupo de trabalho para elaborar um plano de controle efetivo das fontes que contribuem para o aquecimento global. A discussão do relatório final deste grupo ocorreu em Kyoto, no Japão, na Quarta Conferência das Partes da CMC, em 1997.

Dentre os formadores de opinião da sociedade civil mundial, a insatisfação com os resultados do encontro em Berlim foi geral. Eles se defrontaram com os opositores a medidas mais rígidas para o controle de gases estufa na atmosfera, como parte dos países desenvolvidos e os países produtores de petróleo. Ou seja, houve uma aliança entre os que produzem e consomem carros – com todo o peso que possui a indústria automobilística na geração de divisas, de impostos e de empregos, em um quadro de desemprego estrutural e mundialização da produção – aqueles que extraem a matéria-prima para produção do combustível queimado pelos motores.

Em Genebra, as negociações foram ainda piores do que em Berlim. A decisão de maior destaque foi a aceitação de Kyoto como sede da Terceira

Conferência das Partes da CMC. Resolveu-se ainda, fortalecer e ampliar o prazo para que o grupo de trabalho realizasse o trabalho de aprofundar as pesquisas sobre as mudanças climáticas.

Em Kyoto, ao contrário das reuniões anteriores, assistimos a uma das mais importantes rodadas da ordem ambiental internacional.

Os dados divulgados pelo IPCC eram preocupantes. O Canadá e os Estados Unidos aumentaram as emissões de gases estufa cerca de quatro vezes mais que todos os países da América Latina (Rosa, 1997: 1-3). Era preciso conter este ritmo. Ao mesmo tempo, o mundo capitalista passava por mais uma de suas crises cíclicas: diminuir a emissão significaria reduzir a atividade econômica, acarretando mais desemprego.

Em Kyoto duas novas ideias ganharam destaque. Uma delas propunha transformar a emissão de gases estufa em um negócio. A outra, visava a criar um fundo para pesquisas ambientais, tendo como parâmetro os índices de poluição dos países desenvolvidos. A primeira indicação foi feita pela delegação dos Estados Unidos. A outra, pela do Brasil.

Os Estados Unidos propunham abrir mais uma frente de negócios, que poderíamos chamar de "negócios cinza". Tendo como base os indicadores de emissão de gases estufa de 1990, apresentados em relatórios pelas Partes da CMC, eles queriam estabelecer o seguinte: se um país desenvolvido não atingisse o que foi estabelecido como meta de redução de emissão de gases estufa ele, poderia "comprar" de outro país a diferença entre o limite estabelecido e a efetiva redução, introduzindo técnicas de controle ambiental. Tal princípio já fora acertado no Protocolo de Montreal, como vimos no capítulo "De Estocolmo à Rio-92". O argumento é que não importa da onde saem os gases, mas sim a quantidade que chega à atmosfera. Esta proposta, caso implementada, resultaria na compra do direito de poluir e não contribuiria com a mudança do modo de vida, primeira razão a ser ponderada na diminuição dos efeitos da devastação ambiental.

A proposta brasileira tinha como base evidências científicas: os gases estufa permanecem na atmosfera por cerca de 140 a 150 anos, segundo indicam as pesquisas. Desta maneira, as consequências atuais das mudanças climáticas – se confirmadas as especulações de que elas têm como causa a emissão de gases estufa na atmosfera – são resultado das emissões pretéritas. Sendo assim, o Brasil propunha que os países emissores de gases no passado, aqueles que realizaram a primeira Revolução Industrial, fossem responsabilizados pelas mudanças climáticas e pagassem pelos danos. O princípio do poluidor pagador era sugerido como medida para regular as relações sobre as mudanças climáticas. Os poluidores deveriam, então, pagar uma taxa que iria para um fundo – o qual recebeu o nome de Fundo para o Desenvolvimento Limpo – com o objetivo de financiar o desenvolvimento de técnicas capazes de reduzir a emissão de gases estufa e de criar maneiras de absorver aqueles que estão na atmosfera.

Nesse campo também é conveniente registrar a ideia de vários pesquisadores brasileiros, dentre eles o professor Aziz Nacib Ab'Sáber, para se introduzir o reflorestamento em grande escala para que as árvores, ao crescerem, absorvessem CO_2 e servirem como sumidouro. Tal programa, chamado de Projeto Florestas para o Meio Ambiente (Floram)[2] foi reconhecido internacionalmente, recebendo premiações de organismos da ONU.

Era a primeira vez que o Brasil apresentava uma sugestão de fato nas rodadas da ordem ambiental internacional, tendo essa, de imediato, apoio da Colômbia e da Alemanha. Ela acabou sendo acatada pelas Partes, embora ainda não tenhamos uma definição do Fundo para o Desenvolvimento Limpo, que ficou para ser acordado nas próximas reuniões das partes.

Os Estados Unidos, entretanto, tiveram uma nova derrota na esfera ambiental internacional. Sua sugestão não foi acatada em Kyoto, embora não tenha sido totalmente descartada. Espera-se que ela venha a ser implementada dentro das próximas rodadas da CMC.

Ficou determinado no PK um tratamento diferenciado para as partes na definição das metas de redução da emissão dos gases estufa, conforme o artigo 3:

> As Partes incluídas no Anexo 1 [...] devem reduzir sua emissão de gases em 5% sobre o que emitiam em 1990 no período de 2008 a 2012 (http://www.un.org/depts/treaty/final/ts2/newfiles/part-boo/xxviiboo/xxvii_7.htmI – Setembro de 1999).

As partes do Anexo 1 totalizam 39 países desenvolvidos, incluindo a Comunidade Europeia. O índice de redução de 5,2% é uma média do total a ser reduzido: países como o Japão, por exemplo, tiveram a determinação de 6% de redução. Para a Comunidade Europeia e seus membros ficou determinada uma diminuição em 8% e para os Estados Unidos coube uma diminuição de 7%[3].

Estes resultados precisam ser ratificados por 55 partes, dentre elas as que emitem juntas 55% dos gases estufa que constam do PK. Aqui surgem as dificuldades. No final de 1999, 84 países faziam Parte do PK, dos quais apenas 13 o haviam ratificado. Eles não podem ser "vistos" no mapa 9, pois são "Estados-ilhas". Seu interesse na implementação do protocolo é evidente: podem desaparecer, se forem confirmadas as mudanças climáticas.

A maior dificuldade para a implementação do PK é de ordem econômica. Os principais países poluidores, como os Estados Unidos e o Japão, continuam emitindo mais CO_2 – conforme a Tabela 1 – e teriam de alterar em muito sua economia para atingirem as metas acordadas em Kyoto. No primeiro caso, o Congresso vem insistindo que não é justo o tratamento diferenciado concedido às partes em desenvolvimento e se recusa a ratificar o PK enquanto tais partes não forem também incluídas entre as que devem reduzir a emissão de gases estufa na atmosfera.

140

TABELA 1

Emissão de CO_2 – Total nacional de países selecionados em gigagramas

País	1990	1994	1997
Alemanha	1014501	904112	894000
Estados Unidos	4928900	5146100	5455553
Japão	1124532	1213940	1230831
Total	7067933	7264152	7580384

Fonte: http://www.unep.org. Novembro de 1999.

Em outubro e novembro de 1999 ocorreu mais uma rodada da CMC. Desta vez a reunião foi em Bonn, Alemanha. A Comunidade Europeia propôs que o PK entrasse em vigor até junho de 2002, no aniversário de dez anos da CNUMAD, a qual foi aplaudida pelos ambientalistas.

Outro destaque da reunião de Bonn foi a posição dos "Estados-ilhas", que divulgaram um manifesto por meio da Aliança dos Estados-ilhas – que congrega 43 países insulares a pequenos arquipélagos do Pacífico – em que afirmam já estarem sentindo os efeitos das mudanças climáticas. Segundo indicaram, a elevação do nível do mar já atinge índices preocupantes, exigindo uma mudança na atitude dos principais emissores de gases estufa.

Entre os países asiáticos também surgiram manifestações pela mudança de atitude dos países centrais. A delegação do Camboja, por exemplo, afirmou que o aumento da intensidade das cheias nos últimos anos tem relação direta com a emissão de gases estufa.

Os Estados Unidos continuaram decididos a não ratificarem o PK enquanto os países periféricos não tiverem que reduzir sua emissão de gases estufa, e insistiram na proposta de transferir cotas de poluição entre as partes. Em tal decisão continuam praticamente sem apoios significativos.

A CONFERÊNCIA DE DESERTIFICAÇÃO

Não faltam polêmicas quando o assunto envolve a temática ambiental. Nas discussões sobre mudanças climáticas, ela ocorre na explicação das causas da ocorrência do fenômeno. Em relação à desertificação, começa na definição do conceito.

Muitos autores acreditam que a desertificação é uma consequência das mudanças climáticas. Para Conti (1998) o conceito só pode ser aplicado para regiões semiáridas. Suertegaray (1992) entende por desertificação a degradação de ambientes os mais diversos tendo como força motriz a ação antrópica. Para Drew

A desertificação tem lugar nas margens dos desertos, mais em áreas localmente circunscritas do que em extensões uniformes. [...] O fator desencadeante da desertificação é o excesso de população, pelo fato de o povo abandonar o nomadismo para se instalar em determinado local. O financiamento de sistemas de abastecimento de água por organismos internacionais tem sido causa involuntária do fator desencadeante, à medida que isso reúne gado e comunidades humanas instáveis. Essas zonas concentradas são as mais propensas à desertificação (Drew, 1994: 40).

A desertificação não pode ser associada simplesmente à falta d'água ou a prolongadas estiagens. Ela tem como causa mais ampla a má utilização do solo e suas consequências são notadas com mais clareza em áreas como as descritas por Drew.

As áreas sujeitas à desertificação nem sempre circunscrevem-se a desertos – como apontou Drew – estendendo-se por outras partes da Terra que não são desérticas – aqui entendidas do ponto de vista climático sujeitas, portanto, a prolongadas estiagens, ainda que recebam grande quantidade de água na forma de chuvas torrenciais. Além disso, observa-se grande parte do continente africano sendo afetada pelo avanço da desertificação.

Este aspecto motivou a realização, pelo PNUMA de uma reunião internacional para debater a desertificação. Os participantes deste evento não conseguiram no entanto, avançar e propor medidas para evitar o agravamento da situação.

Foi preciso convocar uma nova reunião internacional para tratar do tema. A oportunidade surgiu pela introdução da desertificação na *Agenda XXI*, despertando a atenção de muitos países para o problema. Além disso, estabeleceu-se um Plano de Ação de Combate à Desertificação, que deveria buscar recursos para serem implementados em países atingidos pelo problema.

Por pressão de ONGs, a desertificação entrou na pauta da ordem ambiental internacional. Desse modo, Paris, em 1994, recebia a visita de especialistas representantes de países, para tratar do tema na Conferência das Nações Unidas para Combater a Desertificação nos Países Seriamente Afetados pela Seca e/ou Desertificação, em especial na África – CD. Nela ficou estabelecido que:

> "desertificação" significa terra degradada em áreas áridas, semiáridas e subúmidas resultantes de vários fatores incluindo variação climática e atividades humanas (http//www.un.org/depts/treaty/final/ts2/newfiles/part_boo/xxviibooxxvii_10.html. Setembro de 1999).

O objetivo maior da CD era combater a desertificação nas áreas afetadas. No artigo 7, fica estabelecida a opção preferencial pelos países africanos. Esta opção ainda não repercutiu em medidas práticas e, apesar de preconizar acordos e uma cooperação entre as partes, pouco se avançou para combater a desertificação.

Em 1999, o Brasil sediou em Recife a terceira reunião das Partes da CD. Nela buscou-se o estabelecimento de políticas efetivas para os vários países afetados por este problema, como é o caso do Brasil. No final de 1999, 159 países participavam da CD, dos quais 115 signatários (ver mapa 10).

Após a reunião do Rio de Janeiro ocorreram novas rodadas de negociação envolvendo a temática ambiental. As Conferências das Partes estavam previstas nos documentos firmados durante a CNUMAD e alteraram algumas de suas resoluções. Entretanto, outros organismos também tiveram de tratar da temática ambiental. Este fato deve ser visto sob dois ângulos: no primeiro, é uma evidência da importância que os problemas ambientais adquiriram, sejam como fontes de novos negócios, sejam como fonte de riscos ambientais globais; o outro ângulo indica que as Partes derrotadas estão procurando criar alternativas para a discussão dos problemas ambientais, como é o caso do patenteamento de seres vivos. Neste caso, os Estados Unidos, perdedores na CB, estiveram muito empenhados em certificar, durante as rodadas da OMC, a garantia de que poderiam cobrar por material genético patenteado.

A atuação de vários organismos na temática ambiental pode acarretar dificuldades para sua implementação. Diferenças têm prevalecido e as forças reaglutinam-se a cada documento discutido, como vimos. Diversos organismos estão sem recursos para atuar, como era esperado, o que reforça a posição dos que acreditam serem todos esses eventos nada além de mero exercício retórico, dos quais nada se aproveita. Outros entendem que se avança, a passos lentos, para o estabelecimento de uma nova medida para a reprodução da vida humana na Terra.

NOTAS

---

[1] Uma boa análise das posições dos Estados Unidos pode ser encontrada em Tachinardi (1993). Em seu livro, ela demonstra as vantagens e os problemas de um sistema internacional de patentes.

[2] Para mais informações sobre o Floram ver Ab'Sáber (1990 e 1997).

[3] Fonte: (http://www.un.org/depts/treaty/final/ts2/newfiles/part_boo/xxviiboo/xxvii_7.html Setembro de 1999).

CONSIDERAÇÕES FINAIS

Estamos assistindo à construção da ordem ambiental internacional, um processo lento, mas que tem avançado desde o início do século XX, quando surgiram as primeiras conferências que tratavam da restrição da caça em colônias africanas.

No período da Guerra Fria, o destaque fica para o Tratado Antártico e para o surgimento da temática ambiental nas Nações Unidas.

Nas últimas décadas assistimos entretanto, a uma valorização do tema. Ela coincide com os avanços científicos sobre processos globais, como as mudanças climáticas e a camada de ozônio. Também é de ressaltar a criação do PNUMA, decisão mais importante da Conferência de Estocolmo, apesar de ter sido conseguido resultados pouco expressivos por aquela instituição.

Na ordem ambiental internacional, a representação do ambiente é exterior à existência humana. Ele tem sido apreendido apenas como um recurso natural a ser explorado mas, sinais de escassez de recursos, como água doce, indicam a necessidade de se alterar o padrão de vida dos agrupamentos hegemônicos. A questão é quem perderá com essas alterações, impostas a uma base natural que beira à exaustão.

Entre as saídas, o ambientalismo tem de ser lembrado. Como vimos, existem vários "tons de verde". Temos o ambientalismo radical, que tem executado ações diretas contra alvos que representariam a sociedade de consumo e temos ainda – para citar o outro extremo – o ambientalismo de negócios, que vislumbra uma fonte de novos negócios na temática ambiental. Existe ainda o ambientalismo conservacionista, que prega a utilização racional dos recursos naturais; e o preservacionista, que advoga pela intocabilidade dos ambientes naturais como uma maneira de reservar valor, em uma concepção ecocapitalista, ou de manter as condições de vida na Terra, numa leitura Gaia. Por fim, temos aqueles que com suas práticas de vida mantêm uma relação menos impactante com o ambiente, como os povos da floresta, caiçaras, ribeirinhos, povos indígenas, quilombolas, entre outros.

Outro destaque foi a realização da CNUMAD dividindo a ordem ambiental internacional em antes e depois da Rio-92. Seus documentos ganharam visibilidade perante a opinião pública; ao mesmo tempo, ela fortaleceu a temática em outros fóruns multilaterais.

Estamos assistindo entretanto, à predominância do realismo político nas esferas de decisão da ordem ambiental, inclusive nas anteriores a ela. Sendo assim, torna-se difícil acreditar que ela será capaz de promover mudanças radicais no modo de vida das camadas dominantes, as responsáveis pela degradação ambiental.

O quadro 2 apresenta uma série de países selecionados e sua posição em relação às convenções e protocolos discutidos na obra. Ele indica que os Estados Unidos, por exemplo, não ratificaram documentos importantes, como a CB e a CTR mantendo a posição de não firmar compromissos que fixam seus interesses nacionais. O Japão, outro país central, também não ingressou em tratados que não lhe convinham, como o CPT e o PM. Entre os países periféricos, destacamos o Brasil, que integra quase todos os protocolos, à exceção do CPT. Outros países da periferia do sistema internacional como a Índia, a África do Sul e o Paquistão, têm um comportamento distinto como o do Brasil. Eles também não são países-partes do CPT e não ratificaram a CMC.

Não é preciso no entanto, desanimar. O quadro 3 indica que os subsistemas da ordem ambiental internacional configurados nos diversos temas que são discutidos em seu interior, estão incorporando cada vez mais participantes. As convenções internacionais resultantes da CNUMAD, por exemplo, têm mais países-partes que outras realizadas nas décadas de 1970 e 1980. Outro aspecto que podemos observar a partir do quadro 3 é o fato de os documentos pós-CNUMAD entrarem em funcionamento mais rápido que os demais destacados.

O cenário exige o desenho de uma estratégia que contemple preservação ambiental, acesso à informação genética e às tecnologias para manipulá-la. Nele atuam governos, organismos multilaterais, grupos empresariais transnacionais e o movimento ambientalista internacional.

Para este cenário, as soluções ainda não surgiram, embora possa-se especular que elas passariam pela articulação dos países detentores da informação genética com aqueles que possuem tecnologia para processá-la; países que emitem gases estufa, países centrais e países periféricos: esse processo está em franca elaboração.

146

Mas é preciso olhar para o cenário de maneira realista, ainda que com objetivos utópicos. De outra forma, perder-se-á mais uma oportunidade de mudar o fluxo de recursos, como tentou estabelecer, por exemplo, a CB.

É preciso fundar uma ética do futuro; uma ética que atenue a tensão entre o tempo da produção de mercadorias e o da reprodução das condições naturais da existência humana. Uma ética que acomode o tempo da reprodução da vida, não necessariamente o mesmo que o da reprodução do capital, como nos fazem acreditar. Trata-se de adequar a reprodução da vida com a capacidade do ambiente em incorporar os dejetos que produzimos, tal qual o fazem muitos grupos humanos (indígenas, ribeirinhos, quilombolas).

Não é possível abandonar, no entanto, o barco da cultura, que em nossos dias tem a ciência e a tecnologia como esteio e a cidade como lugar privilegiado de manifestação. Trata-se de buscar um equilíbrio no uso de recursos que não estão distribuídos igualmente no planeta. A ética do amanhã não pode ter apenas a lógica da acumulação do capital: ela deve impor um ritmo menos devastador das condições de vida na Terra.

Utopia? – Estamos precisando de um pouco neste início de século.

Como avançar? – Apostamos que as saídas acontecerão no universo da ciência e da tecnologia e no campo da política. Para tal, as trilhas são diversas, mas certamente passarão pela educação, pelo despertar da responsabilidade coletiva em permitir a continuidade da vida humana na Terra. Mas ainda há muito por fazer. Estamos apenas começando a entender esta complexa teia de relações da ordem ambiental internacional.

BIBLIOGRAFIA

ARISTÓTELES. Física. *In:* Pré-socráticos, Aristóteles, Platão, Sócrates. Col. Os Pensadores. São Paulo: Abril Cultural, 1972.

AB'SÁBER, Aziz. Floram: história e endereço social de um projeto. *In:* CORDANI, Umberto G., MARCO-VITCH, Jacques e SALATI, Eneas (orgs.). *Rio 92: cinco anos depois.* São Paulo: IEA, 1997.

_____. *AMAZÔNIA:* do discurso à práxis. São Paulo: Edusp, 1996.

_____."Domínios de natureza no Brasil: ordens de criticidade". *In:* VELLOSO, João Paulo dos Reis (Org.). *A ecologia e o novo padrão de desenvolvimento no Brasil.* São Paulo: Nobel, 1992.

ADAMS, W. M. "Sustainable development?" *in:* JOHNSTON, R. J., TAYLOR, Peter J. e WATTS, Michael J. *Geographies of Global Change:* remapping the world in the late twentieth century. Oxford: Blackwell Publishers Ltd., 1996.

AGNEW, John, LIVINGSTONE, David e ROGERS, Alisdair (eds.). *Human geography*: an essential anthology. Oxford: Blackwell, 1996.

ALTVATER, Elmar. *O preço da riqueza*: pilhagem ambiental e a nova (des)ordem ambiental. São Paulo: Unesp, 1995.

ANCEL, Jacques. *Géopolitique.* Paris: Delagrave, 1936.

ANDRADE, Manuel C. de (org.). *Élisée Reclus.* São Paulo: Ática, 1985.

ARON, Raymond. *Os últimos anos do século.* Brasília: UnB, 1987.

_____.*Paz e guerra entre as nações.* Brasília: UnB. 1986.

_____.*Estudos políticos.* Brasília: UnB, 1985.

ARRIGUI, Giovanni. *O longo século XX*: dinheiro, poder e as origens de nosso tempo. São Paulo: Unesp, 1996.

ATENCIO, J. *Que es la geopolítica.* Buenos Aires: Pleamar, 1975.

AZAMBUZA, Marcos, BECKER, Bertha, CANDOTTI, Enio. Eco-92: primeira avaliação da Conferência. *Política Externa.* São Paulo. v. 1, n. 2, 1992, pp. 35-53.

BARBOSA. Altiva da Silva. *Do povo sem espaço ao espaço sem povo.* Dissertação de Mestrado. São Paulo, FFLCH/USP, 1996.

BATISSE, Michael. "El programa internacional sobre el hombre y la biosfera". *In:* SIOLY, Harald (org.). *Ecologia y protección de la naturaleza*: conclusiones internacionales. Barcelona: Blume, 1973.

BECKER, Bertha *et al.* (orgs.). *Geografia e meio-ambiente no Brasil*. São Paulo: Hucitec, 1995.

BECKER, Bertha. A geografia e o resgate da geopolítica. *Revista Brasileira de Geografia*. Rio de Janeiro, n. especial. t. 2, 1988, pp. 99-125.

BERMANN, Célio. "Limites e perspectivas para um desenvolvimento sustentável". *Tempo e Presença*. São Paulo, n. 261, 1992, pp. 40-2.

BOSQUET, M. e GORZ, A. *Ecologie et polilique*. Paris: Seuil, 1978.

BOWMAN, Isaiah. *The new world*. London: Waverley, 1921.

BRASIL. Presidência da República. Comissão Interministerial para Preparação da Conferência das Nações Unidas sobre Meio Ambiente e Desenvolvimento. *O desafio do desenvolvimento sustentável*. Brasília: CIMA, 1991.

BRIGAGÃO, Clóvis. "Amazônia e Antártica: diagnósticos de segurança ecológica". *In:* LEIS, Héctor R. (org.). *Ecologia e política mundial*. Rio de Janeiro: FASE/Ed. Vozes/AIRI/PUC-Rio, 1991. pp. 65-97.

BROWN, Chris. *Understanding international relations*. London: Macmillan, 1997.

BURKE, Peter. *A revolução francesa da historiografia*: a escola dos annales, 1929-1989. São Paulo: Unesp, 1991.

BUTTEL, Frederick. "Biotechnology: an epoch-making technology?" *In:* FRASMAN, Martin et al. (Eds.). *The biotechnology revolution?* Oxford: Blackwell, 1995.

CAPEL, Horacio. *Filosofia y ciencia en la geografia contemporánea*. Barcelona: Barcanova, 1981.

CAPOZOLI, Ulisses. *Antártida*: a última terra. São Paulo: Edusp, 1991.

CARLOS, Ana Fani A. *O lugar no/do mundo*. São Paulo: Hucitec, 1996.

_____. *Espaço e indústria*. São Paulo: Contexto/Edusp, 1988.

CARVALHO, Marcos B. de. A natureza na geografia do ensino médio. *Terra Livre*. São Paulo, n. 1, 1986, pp.46-52.

CASINI, Paolo. *As filosofias da natureza*. São Paulo: Martins Fontes, 1979.

CASTRO, Edna e PINTON, Florence (Orgs.). *Faces do trópico úmido*: conceitos e questões sobre desenvolvimento e meio ambiente. Belém: Cejup, 1997.

CASTRO, Iná Elias de, GOMES, Paulo Cesar da C. e CORRÊA. Roberto Lobato (Orgs.). *Geografia:* conceitos e temas. Rio de Janeiro: Bertrand Brasil, 1995.

CASTRO, Iná Elias de. O problema da escala. *In:* CASTRO, Iná Elias de, GOMES. Paulo Cesar da C. e CORRÊA, Roberto Lobato (Orgs.). Geografia: conceitos e temas. Rio de Janeiro: Bertrand Brasil, 1995.

CAVALCANTI, Clóvis (Org). *Desenvolvimento e natureza*: estudos para uma sociedade sustentável. São Paulo: Cortez, 1995.

CERTEAU, Michel de. "A operação histórica". *In:* LE GOFF, Jacques, NORA, Pierre (Orgs.). *História:* novos problemas. Rio de Janeiro: Francisco Alves, 1976.

CHAUÍ, Marilena. *O que é ideologia*. São Paulo: Brasiliense, 1980.

CHESNAIS, François (Coord.). *A mundialização financeira*: gênese, custos e riscos. São Paulo: Xamã, 1998.

_____. *A mundialização do capital*. São Paulo: Xamã, 1996.

CHIAPPIN, José R. Novaes. *O paradigma de Huntington e o realismo político*. Lua Nova. São Paulo, n. 34, 1994, pp. 37-53

CHOSSUDOVSKY, Michel. *A globalização da pobreza*: impactos das reformas do FMI e do Banco Mundial. São Paulo: Moderna, 1999.

CHRISTALLER, Walter. Central places in Sourthern Germany. Englewood Cliffs: Prentice-Hall Inc.. 1966.

CHRISTOFOLETTI, Antônio *et al*. Geografia e meio ambiente no Brasil. São Paulo: Hucitec, 1995.

CLAVAL, Paul. *Evolución dela geografía humana*. Barcelona: Oikos-tao, 1974.

CLINE. Ray. "Avaliação do poder mundial". *Política e Estratégia*. São Paulo, v.1, n.1, 1983, pp. 7-17.

COLLINGWOOD, Richard G. *A ideia de natureza*. Portugal: Presença, 1986.

COLUMBUS, Theodore. "O estudo das relações internacionais: teoria e prática". *In: Introduction to international relations: power and justice*. New Jersey: Prentice Hall, 1986.

CMMAD - Comissão mundial sobre meio ambiente e desenvolvimento. *Nosso futuro comum*. Rio de Janeiro: Fundação Getulio Vargas, 1988.

CONSERVATION INTERNATIONAL. *Megadiversity*: the biological most rich countries of the world. New York, Conservation International, 1997.

CONTI, José Bueno. *Clima e meio ambiente*. São Paulo: Atual, 1998.

_____. A Antártida e o interesse brasileiro. *Orientação*. São Paulo, n.5, 1984, pp. 61-7.

CORRÊA. Roberto Lobato. *Trajetórias geográficas*. Rio de Janeiro: Bertrand Brasil, 1997.

CORSON, Walter. *Manual geral de ecologia*. São Paulo: Augustus, 1993.

COSTA, Wanderley M. da. *Geografia política e geopolítica*: discursos sobre o território e o poder. São Paulo: Edusp/Hucitec, 1992.

COUTO e SILVA, Golbery do. *Conjuntura política nacional*: o poder executivo. Geopolítica do Brasil. Rio de Janeiro: José Olympio, 1981.

DESCARTES, René. *Princípios filosóficos*. *In:* Descartes. Col. Os Pensadores. São Paulo: Abril Cultural, 1972.

DIAS, Genebaldo F. *Educação ambiental*: princípios e práticas. São Paulo: Gaia, 1992.

DOSSE, François. *A história em migalhas*: das Annales à nova história. São Paulo: Ensaio, 1992.

DREW, David. *Processos interativos homem*: meio ambiente. Rio de Janeiro: Bertrand Brasil, 1994.

DUPUY, Jean P. *Introdução à crítica da ecologia política*. Rio de Janeiro Civilização Brasileira, 1980.

ELLIOT, Lorraine. *The global politics of the environment*. Londres: Macmillan, 1998.

ESTÉBANEZ, José. *Tendencias y problematica actual de la geografia*. Madri: Cincel, 1982.

FERREIRA, Leila da; VIOLA, Eduardo (orgs.). *Incertezas de sustentabilidade na globalização*. Campinas: Unicamp, 1996.

Fibongs – Fórum Internacional de Organizações não Governamentais no Âmbito do Fórum Global. *Tratado das ONGs*. Rio de Janeiro: Fibongs, 1992.

FRASMAN, Martin et al. (eds.). *The biotechnology revolution?* Oxford: Blackwell, 1995.

FOUCAULT, Michel. *Microfísica do poder*. Rio de Janeiro: Graal, 1979.

FUKUYAMA, Francis. *O fim da história*. Rio de Janeiro: Rocco, 1992.

GIDDENS, Anthony. As consequências da modernidade. São Paulo: Unesp, 1991.

GONÇALVES, Carlos Walter P. "Geografia política e desenvolvimento sustentável". *Terra Livre*. São Paulo, n.11/12, 1993, pp. 9-76.

_____. "Ecologia, democracia e desenvolvimento". *In:* SALES, Vanda C. (Org.). *Ecos da Rio-92*: Geografia, meio-ambiente e desenvolvimento em questão. Fortaleza: AGB-Fortaleza, 1992, pp. 7-19.

_____. *Os (des)caminhos do meio-ambiente*. São Paulo: Contexto, 1989.

GOTTMANN, Jean. *La politique des Etats et leur géographie*. Paris: Armand Colin, 1952.

GOYOS Jr., Durval de Noronha. *A OMC e os tratados da Rodada Uruguai*. São Paulo: Observador Legal, 1994.

GRAMSCI, Antonio. *Maquiavel, a política e o Estado moderno*. Rio de Janeiro: Civilização Brasileira, 1980.

GUATTARI, Felix. *A revolução molecular* São Paulo: Brasiliense, 1987.

GUIMARÃES, Roberto P. "A assimetria dos interesses compartilhados: América Latina e a agenda global do meio ambiente":. *In:* LEIS, Héctor R. (Org.). *Ecologia e política mundial*. Rio de Janeiro: FASE/Vozes/AIRI/PUC-Rio, 1991, pp. 99-134.

HABERMAS, Jurgen. *Ciencia y técnica como "ideología"*. Madrid: Tecnos, 1989.

151

HERCULANO, Selene C. "Como passar do insuportável ao sofrível". *Tempo e presença*. São Paulo, n. 261, 1992, pp. 5-10.

HERCULANO, S. C. "Do desenvolvimento (in)suportável a sociedade feliz". *In:* GOLDENBERG, M. (Org.). Ecologia, Ciência e Política. Rio de Janeiro: Revan, 1992.

HOBBES, Thomas. *Leviatã ou matéria, forma e poder de um Estado eclesiástico e civil*. São Paulo: Nova Cultural, 1983. (Os Pensadores)

_____. *Leviatã ou matéria, forma e poder de um Estado eclesiástico e civil*. 4. ed. São Paulo: Nova Cultural, 1988.

HOBSBAWN, Eric. *Era dos extremos*: o breve século XX. São Paulo: Cia das Letras, 1995.

HUNTINGTON, Samuel P. *O choque de civilizações e a recomposição do ordem mundial*. Rio de Janeiro: Objetiva, 1997.

_____. Choque das civilizações. *Política Externa*. São Paulo, v.2, n. 4, 1994.

KENNEDY, Paul. *Preparando para o século XXI*. Rio de Janeiro: Campus, 1993.

_____. *Ascensão e queda das grandes potências:* transformação econômica e conflito militar de 1500 a 2000. Rio de Janeiro: Campus, 1989.

KJÉLLEN, Rudolf. "As grandes potências, 1905: o Estado como forma de vida, 1916". *In:* COUTO e SILVA, Golbery do. *Conjuntura política nacional: o poder executivo. Geopolítica do Brasil*. Rio de Janeiro: José Olympio, 1981.

LA BLACHE, Vidal de. *Princípios de geografia humana*. Lisboa: Edições Cosmos, 1921.

LACOSTE, Yves. A *geografia serve antes de mais nada para fazer a guerra*. Lisboa: [s.n.], 1978.

LEFF, Enrique. *Ecología y capital:* racionalidad ambiental, democracia participativa y desarrollo sustentable. Cidade do Mexico: Siglo Veintiuno, 1994.

LEFORT, Claude. "A primeira figura da filosofia da práxis: sobre a lógica da força". *In:* QUIRINO, Célia, SOUZA, Maria Tereza (orgs.). *O pensamento político clássico*. São Paulo: Queirós, 1980.

LE GOFF, Jacques, NORA, Pierre (orgs.). *História:* novos problemas. Rio de Janeiro: Francisco Alves, 1976.

LE GOFF, Jacques. "Historia". *In: Enciclopédia Einaudi*, Rio de Janeiro: Imprensa Nacional/Casa da Moeda, v.1, Memória-História, 1984, pp.158-259.

LEIS, Héctor R. *O labirinto:* ensaios sobre ambientalismo e globalização. São Paulo/Blumenau: Gaia/FURB, 1996.

_____. *Meio Ambiente, Desenvolvimento e Cidadania:* desafios para as Ciências Humanas. São Paulo: Cortez, 1995.

_____. "Ecologia e soberania na Antártica ou o papel da questão ambiental como agente transformador da ordem internacional". *In:* LEIS, Héctor R. (Org.). *Ecologia e política mundial*. Rio de Janeiro: FASE/Vozes/AIRI/PUC-Rio, 1991, pp. 51-64.

_____. (Org.). *Ecologia e política mundial*. Rio de Janeiro: FASE/Vozes/AIRI/PUC-Rio, 1991.

_____ e VIOLA, Eduardo J. "Desordem global da biosfera e a nova ordem internacional: o papel organizador do ecologismo". *In:* LEIS, Héctor R. (org.). *Ecologia e política mundial*. Rio de Janeiro: FASE/Vozes/AIRI/PUC-Rio, 1991, pp. 23-50.

LÉVY, Jacques. *L'espace légitime:* sur la dimension géographique de la fonction politique. Paris: Presses de la Fondation Nationale des Sciences Politiques, 1994.

LINS DA SILVA, Carlos Eduardo (coord.). *Ecologia e sociedade:* uma introdução às implicações sociais da crise ambiental. São Paulo: Loyola, 1978.

LIPIETZ, Alan. "Enclosing the global commons: global environmental negotiations in a north-south conflictual approach". *In:* BHASKAR e GLYN (eds.). *The north, the south, and the environmental*. London, 1995.

_____. "Les négociations écologiques globales: enjeux nord-sud". *Revue Tiers Monde*. Paris, t. XXXV, n. 137, 1994, pp.31-51.

LOMBARDO, Magda A. *Ilha de calor nas metrópoles:* o exemplo de São Paulo. São Paulo: Hucitec, 1985.

LOVELOCK, John. *Gaia*: um novo olhar sobre a vida na terra. Lisboa: Edições 70, 1989.

MACKINDER, Halford J. "The geographical pivot of history". *In:* AGNEW, John; LIVINGSTONE, David; ROGERS, Alisdair (eds.). *Human geography*: an essential anthology. Oxford: Blackwell, 1996.

MAHAN, Alfred. *The influence of sea power upon French and revolution empire*: 1793-1812. Boston: Little Brown, 1892.

_____. *The influence of sea power upon history*: 1660-1783. Boston: Little Brown, 1890.

MALMON, Dalia (Coord.). *Ecologia e desenvolvimento*. Rio de Janeiro: APED, 1992.

MANNHEIM, Karl. *Ideologia e utopia*. Rio de Janeiro: Guanabara, 1986.

MAQUIAVEL, Nicolau. *O Príncipe*. São Paulo: Abril. 1973. (Os Pensadores)

MCCORMICK, John. *Rumo ao paraíso*: a história do movimento ambientalista. Rio de Janeiro: Relume-Dumará. 1992.

MEIRA MATTOS, Carlos. *A geopolítica e as projeções do poder* Rio de Janeiro: Bibl. do Exército, 1977.

MEADOWS, Donella et al. *Limites do crescimento*. São Paulo: Editora Perspectiva, 1973.

MELLO, Leonel I. A. *Quem tem medo da geopolítica?* São Paulo: Edusp/ Hucitec, 1999.

_____. *A geopolítica do Brasil e a Bacia do Prata*. Manaus: Universidade do Amazonas, 1997.

MENDONÇA, Francisco. "Os geógrafos e as mudanças climáticas na Eco-92, ou as implicações das mudanças climáticas na (re)Organização do espaço". *In:* SALES, Vanda C. (org.). *Ecos da Rio-92: Geografia, meio-ambiente e desenvolvimento em questão*. Fortaleza: AGB-Fortaleza, 1992, pp. 41-51.

MINTZER, Irving e LEONARD, J. Amber (eds.). *Negotiating climate change*: the inside story of the Rio Convention. Cambridge: Cambridge University, 1994.

MIYAMOTO, Shiguenoli. *A questão ambiental e as relações internacionais*. Campinas: IFCH/Unicamp. n. 42, 1992.

_____. *Do discurso triunfalista ao pragmatismo ecumênico (geopolítica e política externa do Brasil pós-64)*. Tese de Doutorado. São Paulo: FFLCH/USP, 1985.

_____. *O pensamento geopolítico brasileiro (1920-1980)*. Dissertação de Mestrado. São Paulo: FFLCH/USP, 1981.

MONTEIRO, Carlos Augusto de F. *Geografia & ambiente*. Orientação. São Paulo, n.5, 1984, pp. 19-31.

_____. *A questão ambiental no Brasil (1960-1980)*. Série Teses e Monografias. São Paulo, n. 42, 1981.

MORAES, Antônio Carlos Robert. *Contribuições para a gestão da zona costeira do Brasil: elementos para uma Geografia do Litoral Brasileiro*. São Paulo: Hucitec, 1999.

_____. *Meio ambiente e ciências humanas*. São Paulo: Hucitec , 1994.

_____. (Org.). *Ratzel*. São Paulo: Ática, 1990.

_____. *Geografia*: pequena história crítica. São Paulo: Hucitec , 1983.

_____ e COSTA, Wanderley M. da. A valorização do espaço. São Paulo: Hucitec , 1987.

MOREIRA, Ruy. *O círculo e a espiral*. Rio de Janeiro: Obra aberta. 1993.

MORGHENTAU, Hans. *Politics among nations*: the struggle for power and peace. New York: Alfred Knopf, 1973.

MOUNIN, Georges. *Maquiavel*. Lisboa: Edições 70, 1984.

MYERS, Norman (Coord.). *Gaia*: el atlas de la gestion del planeta. Madrid: Hermann Blume, 1994.

NASCIMENTO E SILVA, Geraldo. *Direito ambiental internacional*. Rio de Janeiro: Thex, 1995.

NYE, Joseph S. Jr. e KEOHANE, Robert O. *Transnational relations and world politics*. Oxford: Harvard University Press, 1973.

OLIVEIRA, Ariovaldo Umbelino de. *A agricultura camponesa*. São Paulo: Contexto, 1991.

_____. *Amazônia*: monopólio, expropriação e conflitos. Campinas: Papirus, 1987.

_____. Agricultura e indústria no Brasil. *Boletim paulista de geografia*. São Paulo, n.58, 1981, pp. 5-64.

OLIVEIRA, Rafael. "Ética e desenvolvimento sustentável". *Tempo e presença*. São Paulo, n. 261, 1992, pp. 16-18.

PONTING. Clive. *Uma história verde do mundo*. Rio de Janeiro: Civilização Brasileira, 1994.

POULANTZAS, Nicos. *Poder político e classes sociais*. São Paulo : Martins Fontes, 1986.

_____. *O Estado, o poder, o socialismo*. Rio de Janeiro: Graal, 1980.

PRIMO BRAGA, Carlos Alberto (org.). *O Brasil, o GATT e a Rodada Uruguai*. São Paulo: IPEA-USP/FIPE, 1994.

QUIRINO, Célia, SOUZA, Maria Tereza (orgs.). *O pensamento político clássico*. São Paulo: Queirós, 1980.

RAFFESTIN, Claude. *Por uma geografia do poder* São Paulo: Ática, 1993.

RATZEL, Friedrich. Geografia do homem: antropogeografia. *In:* MORAES, Antônio Carlos (org.). *Ratzel*. São Paulo: Ática, 1990.

REIGOTA, Marcos. *Meio ambiente e representação social*. São Paulo: Cortez, 1994.

RIBEIRO, Renato J. *Ao leitor sem medo*. São Paulo: Brasiliense, 1984.

RIBEIRO, Wagner Costa. *Relações internacionais*: cenários para o século XXI. São Paulo: Scipione, 2000.

_____. *O lugar no mundo ou o mundo no lugar?* Terra Livre. São Paulo, v. 11 e 12, 1996, pp. 237-42.

_____. *Os militares e a defesa no Brasil: a indústria de armamentos*. Dissertação de Mestrado. São Paulo, FFLCH/USP, 1994.

_____. Por dentro da Rio-92. *In:* SALES, Vanda C. (org.). *Ecos da Rio-92: Geografia, meio-ambiente e desenvolvimento em questão*. Fortaleza: AGB-Fortaleza, 1992, pp. 52-60.

_____. Meio ambiente: o natural e o produzido. *Revista do Departamento de Geografia*. São Paulo, n. 5, 1991, pp. 29-32.

_____. Relação espaço/tempo: considerações sobre a materialidade e a dinâmica da história humana. *Terra Livre*. São Paulo, n. 4, 1988, pp. 39/53, 1988.

_____. *et al*. Desenvolvimento sustentável: mito ou realidade? *Terra Livre*. São Paulo, n. 11/12, 1996, pp. 91-101.

RIFKIN, Jeremy. *O século do biotecnologia*: a valorização e a reconstrução do mundo. São Paulo: Makron Books, 1999.

ROSA, Luiz Pinguelli. Mudanças climáticas globais. São Paulo, *Folha de S.Paulo*, 21 nov. 1997. pp. 1-3.

SABINE, Georges. *História das teorias políticas*. São Paulo: Fundo de Cultura, 1964.

SACHS, Ignacy. *Estratégias de transição para o século XXI*. desenvolvimento e meio-ambiente. São Paulo: Nobel/Fundap, 1993.

SALES, Vanda C. (org.). *Ecos da Rio-92: Geografia, meio-ambiente e desenvolvimento em questão*. Fortaleza: AGB-Fortaleza, 1992.

_____. "Ecos regionais da Rio-92". *In:* SALES, Vanda C. (Org.). *Ecos da Rio-92: Geografia, meio-ambiente e desenvolvimento em questão*. Fortaleza: AGB-Fortaleza, 1992, pp. 61-72.

SANTOS, Laymert Garcia dos. "A encruzilhada da política ambiental brasileira". *Novos Estudos Cebrap*. São Paulo, n. 38, 1994 (a), pp. 168-88.

SANTOS, Milton. A *natureza do espaço*: técnica e tempo. Razão e emoção. São Paulo: Hucitec, 1996.

_____. *Técnica, espaço, tempo*: globalização e meio técnico cientifico internacional. São Paulo: Hucitec , 1994.

_____. "A aceleração contemporânea: tempo mundo e espaço mundo". *In:* SANTOS, Milton (Org.) *Fim de século e globalização*. São Paulo: Hucitec, 1993.

_____. "A revolução tecnológica e o território: realidades e perspectivas". *Terra Livre*. São Paulo, n. 9, 1991, pp. 7/17.

_____. *Metamorfoses do espaço habitado*. São Paulo: Hucitec, 1988.

_____. *Espaço e método*. São Paulo: Nobel, 1985.

_____. *Por uma geografia nova*: da crítica da geografia a uma geografia crítica. São Paulo: Hucitec, 1978.

Secretaria do Estado do Meio Ambiente. *Entendendo o meio ambiente* - v.3. São Paulo: SMA, 1997 a.

Secretaria do Estado do Meio Ambiente. *Entendendo o meio ambiente* - v.4. São Paulo: SMA, 1997 b.

Secretaria do Estado do Meio Ambiente. *Entendendo o meio ambiente* - v.5. São Paulo: SMA, 1997c.

Secretaria do Estado do Meio Ambiente. *Entendendo o meio ambiente* - v.7. São Paulo: SMA, 1997 d.

Secretaria do Estado do Meio Ambiente. *Entendendo o meio ambiente* - v.8. São Paulo: SMA, 1997 e.

Secretaria do Estado do Meio Ambiente. *Entendendo o meio ambiente* - v.6. São Paulo: SMA, 1997 f.

SEABRA, Manoel F. G. *Geografia (s)? Orientação*. São Paulo, n. 5, 1984, pp. 9-17.

SEGATTO, Cristiane. País quer banir destruidores do ozônio até 2001. São Paulo, *O Estado de São Paulo*. 13 set. 1997. pp. A-22.

SILVA, Armando C. da. *Geografia e lugar social*. São Paulo: Contexto, 1991.

_____. A concepção clássica da geografia política. *Revista do Departamento de Geografia*. São Paulo, n. 3, 1984, pp. 103-7.

_____. *O espaço fora do lugar* São Paulo: Hucitec, 1978.

SIMIELLI, Maria Elena. *Geoatlas*. São Paulo: Ática, 1999.

SKINNER, Quentin. *Maquiavel*. São Paulo: Brasiliense, 1988.

SORRE, Max. *Traité de géographie humaine*: L'homme sur la Terre. Paris: Hachette, 1961.

SUERTEGARAY, Dirce. *Deserto grande do Sul*: controvérsia. Porto Alegre: UFRS, 1992.

TACHINARDI, Maria Helena. *A guerra das patentes*: o conflito Brasil x EUA sobre propriedade intelectual. Rio de Janeiro: Paz e Terra, 1993.

TAMAMES, Ramón. *Ecología y desarrollo: la polémica sobre los límites al crecimiento*. Madri: Alianza Editorial, 1985.

TAUK, Sâmia Maria (Org.). *Análise ambiental*: uma visão multidisciplinar. São Paulo: Unesp/Fapesp/Fundunesp, 1991.

TOLBA, Mostafak. *The world environment 1972-1992*: two decades of challenge. Nairobi: Unep/Chapman Hall-Madras, 1992.

TUAN, Yi-Fu. *Espaço e lugar: a perspectiva da experiência*. São Paulo: Difel, 1983.

VALLAUX, Camille. *Géographie sociale. Le sol et l'État*. Paris: O. Doin et fils, 1911.

VALVERDE, Orlando. *Grande Carajás*: planejamento da destruição. Rio de Janeiro: Forense Universitária. UnB e Edusp, 1989.

VESENTINI, Carlos Alberto. *A teia do fato*: uma proposta de estudo sobre a memória histórica. São Paulo. Tese de doutorado. Depto. de História da FFLCH/USP, 1982.

VESENTINI, José William. *Geografia, natureza e sociedade*. São Paulo: Contexto, 1989.

_____. *Imperialismo e geopolítica global*. Campinas: Papirus, 1987.

_____. *A capital da geopolítica*. São Paulo: Ática, 1986.

VIEIRA, Paulo Freire. Problemática ambiental e ciências sociais no Brasil. *In:* MALMON, Dalia (Coord.) *Ecologia e desenvolvimento*. Rio de Janeiro: APED, 1992.

_____ e WEBER, Jacques (Orgs.). *Gestão de recursos naturais renováveis e desenvolvimento: novos desafios para a pesquisa ambiental*. São Paulo: Cortez, 1997.

VILLA, Rafael Duarte. *Da crise do realismo à segurança global multidimensional*. Tese de doutorado. São Paulo, FFLCH/USP, 1997.

_____. Segurança internacional: novos atores e ampliação da agenda. *Lua Nova*. São Paulo, n. 34, 1994, pp. 71-86.

VIOLA, Eduardo. *A globalização e a política ambiental no Brasil na década de 90. In:* ENCONTRO ANUAL DA ANPOCS, 18., Caxambu, 1994, 20p. datilografado.

VIOLA, Eduardo et al. *Meio ambiente, desenvolvimento e cidadania*: desafios para as ciências sociais. São Paulo: Cortez, 1995.

VOGLER, John e IMBER, Mark (Eds.). *The environment & international relations*. Londres Routledge, 1996.

WALDMAN, Maurício. *Ecologia e lutas sociais no Brasil*. São Paulo: Hucitec, 1992 (a).

_____. A Eco-92 e a necessidade de um novo projeto. *In:* SALES, Vanda C. (Org.). *Ecos da Rio-92*: Geografia, meio-ambiente e desenvolvimento em questão. Fortaleza: AGB-Fortaleza, 1992, pp. 20-32.

_____. A divisão internacional dos riscos técnicos ambientais. *Tempo e Presença*. São Paulo, n. 261, 1992, pp.29-32.

WILHELMY, Manfred. *Política Internacional: enfoques y realidades*. Buenos Aires, Centro Interuniversitário de Desarrollo/Grupo Editor Latinoamericano, 1991.

WILSON, Edward. *Biodiversidade*. Rio de Janeiro: Nova Fronteira, 1997.

LISTA DE TRATADOS INTERNACIONAIS SOBRE O AMBIENTE

CONVENÇÕES SOBRE PRESERVAÇÃO/CONSERVAÇÃO
DA FLORA E FAUNA

NOME DA CONVENÇÃO   **ANO DE ASSINATURA**

Nome da Convenção	Ano de Assinatura
Convenção para a Preservação dos Animais Selvagens, Pássaros e Peixes na África	1900
Convenção para a Proteção dos Pássaros Úteis à Agricultura	1902
Tratado para a Preservação e Proteção das Focas de Pele	1911
I Congresso Internacional para Proteção da Natureza	1923
Convenção para a Regulamentação da Pesca da Baleia	1931
Convenção Relativa para a Preservação da Fauna e Flora em seu Estado Natural – Convenção de Londres	1933
Convenção sobre a Proteção da Natureza e Preservação da Vida Selvagem no Hemisfério Ocidental	1940

Convenção para Proteção da Flora e da Fauna e das Belezas
Cênicas Naturais dos Países da América   1940

Convenção Internacional para a Regulamentação da Pesca à Baleia 1946

Conferência das Nações Unidas para a Conservação
e Utilização dos Recursos   1949

Convenção Internacional para a Proteção dos Pássaros   1950

Convenção Internacional para a Proteção dos Vegetais   1951

Convenção Interina sobre a Conservação
das Focas de Pele do Pacífico Norte   1957

Convenção sobre Pesca e Conservação
dos Recursos Vivos do Mar   1958

Convenção sobre Pesca no Atlântico Norte   1959

Convenção sobre Pesca no Atlântico Noroeste   1959

Tratado Antártico   1959

Convenção sobre Proteção de Novas Qualidades de Plantas   1961

Acordo de Cooperação em Pesca Marítima   1962

Convenção sobre Conservação do Atum Atlântico   1966

Convenção Fitossanitária Africana   1967

Convenção Africana sobre a Conservação
da Natureza e dos Recursos Naturais   1968

Convenção sobre Conservação
dos Recursos Vivos do Atlântico Sudoeste   1969

Convenção do Benelux sobre a Caça e Proteção dos Pássaros   1970

Convenção Sobre Zonas Úmidas de Importância
Internacional, Especialmente como Habitat
de Aves Aquáticas – Convenção de Ramsar   1971

158

Convenção para Conservação dos Leões Marinhos da Antártida	1972
Convenção para a Conservação das Focas Antárticas	1972
Convenção Relativa à Proteção da Herança Mundial Natural e Cultural	1972
Convenção sobre o Comércio Internacional de Espécies em Extinção de Fauna e Flora Selvagem – Cites	1973
Convenção para Proteção do Urso Polar	1973
Convenção sobre Proteção Ambiental dos Países Escandinavos	1974
Tratado de Cooperação Amazônica	1978
Convenção sobre a Conservação de Espécies Migratórias de Animais Selvagens – Convenção de Bonn	1979
Convenção sobre a Conservação da Vida Selvagem e dos Habitats Naturais Europeus – Convenção de Berna	1979
Convenção sobre a Conservação dos Recursos Marinhos Vivos da Antártida	1980
Protocolo sobre Áreas Protegidas e Fauna e Flora – Região Oriental da África	1985
Convenção sobre Cooperação Pesqueira entre Países Africanos beirando o Oceano Atlântico	1991
Protocolo ao Tratado Antártico sobre Proteção Ambiental	1991
Convenção sobre Biodiversidade	1992

CONVENÇÕES SOBRE O MAR

Convenção Interina sobre a Conservação das Focas de Pele do Pacífico Norte	1957
Convenção sobre Pesca e Conservação dos Recursos Vivos do Mar	1958
Convenção sobre o Alto Mar	1958

Convenção sobre Pesca no Atlântico Norte	1959
Convenção sobre Pesca no Atlântico Noroeste	1959
Acordo de Cooperação em Pesca Marítima	1962
Convenção sobre Conselho Internacional para Exploração do Mar	1964
Convenção sobre Conservação dos Recursos Vivos do Atlântico Sudoeste	1969
Convenção Regional do Kuwait sobre Proteção do Ambiente Marinho	1978
Convenção sobre a Conservação dos Recursos Marinhos Vivos da Antártida	1980
Convenção sobre Direito do Mar	1982
Convenção sobre Cooperação Pesqueira entre Países Africanos beirando o Oceano Atlântico	1991
Convenção para Proteção do Meio Ambiente do Atlântico Nordeste	1992
Convenção para Proteção do Mar Negro contra Poluição	1992
Convenção para Proteção do Mar Báltico	1992

CONVENÇÕES SOBRE RESÍDUOS PERIGOSOS E SUBSTÂNCIAS TÓXICAS

Convenção Internacional para a Prevenção da Poluição do Mar por Óleo	1954
Convênio sobre Proteção dos Trabalhadores contra Radiações Ionizantes	1960
Convenção sobre Responsabilidade de Terceiros no Uso da Energia Nuclear	1960
Convenção de Viena sobre Responsabilidade Civil por Danos Nucleares	1963

Acordo sobre Poluição do Rio Reno contra Poluição	1963
Convenção Internacional sobre Responsabilidade Civil por Danos Causados por Poluição por Óleo	1969
Convênio Relativo à Intervenção em Alto Mar em caso de Acidentes com Óleo	1969
Convênio sobre Proteção contra Riscos de Contaminação por Benzeno	1971
Convênio sobre Responsabilidade Civil na Esfera do Transporte Marítimo de Materiais Nucleares	1971
Convenção sobre Prevenção da Poluição Marítima por Navios e Aeronaves	1972
Convenção para Prevenção da Poluição do Mar por Navios	1973
Protocolo Relativo à Intervenção em Alto Mar em casos de Poluição do Mar por Substâncias outras que o Óleo	1973
Convenção para Prevenção da Poluição Marinha por Fontes Terrestres	1974
Convenção para Proteção dos Trabalhadores contra Problemas Ambientais	1977
Convenção sobre a Proibição do Uso Militar ou Hostil de Técnicas de Modificação Ambiental	1977
Protocolo para a Prevenção da Poluição por Navios	1978
Tratado de Zona Livre de Elementos Nucleares do Pacífico Sul	1985
Convenção sobre Breve Notificação a Respeito de Acidentes Nucleares	1986
Convenção sobre Controle de Movimentos Transfronteiriços de Resíduos Perigosos – Convenção da Basileia	1989
Convenção Internacional sobre Poluição por Óleo	1990

Convenção Africana sobre o Banimento da Importação e
Controle do Movimento e Gerenciamento de Resíduos
Perigosos Transfronteiriços – Convenção de Bamako 1991

Convenção sobre Avaliação de Impacto Ambiental
em Contextos Transfronteiriços 1991

Convenção sobre os Efeitos Transfronteiriços
de Acidentes Industriais 1992

Convenção sobre Responsabilidade Civil
por Danos Resultantes de Atividades Perigosas ao Meio
Ambiente – Conselho da Europa e Comunidade Europeia 1993

Convenção de Londres sobre Banimento de Despejo
de Resíduos de Baixo índice de Radiação nos Oceanos 1993

Convenção sobre Proibição de Desenvolvimento, Produção,
Armazenamento e Uso de Armas Químicas e sobre sua Destruição ... 1993

CONVENÇÕES SOBRE CONTROLE DA QUALIDADE DO AR

Convenção sobre a Poluição Transfronteiriça 1979

Convenção de Viena para a Proteção da Camada de Ozônio 1985

Protocolo de Montreal sobre as Substâncias que Esgotam
a Camada de Ozônio (emendas em 1990 e 1992) 1987

Convenção sobre Mudanças Climáticas 1992

Protocolo de Kyoto 1997

OUTRAS CONVENÇÕES

Tratado de Proscrição das Experiências com Armas Nucleares
na Atmosfera, Espaço Cósmico e debaixo d'água 1963

Tratado sobre Princípios Reguladores
das Atividades dos Estados na Exploração e uso
do Espaço Cósmico, Inclusive a Lua e demais Corpos Celestes 1967

Conferência Intergovernamental de Especialistas sobre as
Bases Científicas para Uso e Conservação Racionais dos
Recursos da Biosfera – Conferência da Biosfera   1968

Conferência das Nações Unidas sobre o Meio Ambiente Humano   1972

Conferência das Nações Unidas sobre
o Meio Ambiente e Desenvolvimento   1992

Declaração do Rio de Janeiro sobre
Meio Ambiente e Desenvolvimento   1992

Declaração sobre Florestas   1992

Agenda 21   1992

Convenção Internacional de Combate à Desertificação nos
Países afetados por desertificação e/ou Seca   1994

Fontes: MCCORMICK (1992) e NASCIMENTO E SILVA (1995).

CONVENÇÕES INTERNACIONAIS SOBRE O AMBIENTE - PAÍSES SELECIONADOS

País	CITES *		CPT		CV		PM		CTR	
	Adesão	Ratificação	Adesão	Ratificação	Adesão	Ratificação	Adesão	Ratificação	Adesão	Ratificação
África do Sul	13.10.75	----------	----------		15.01.90	15.01.90	15.01.90	15.01.90	05.05.94	05.05.94
Alemanha	20.06.76		13.11.79	15.07.82	22.03.85	30.09.88	23.10.99	21.04.95	23.10.99	21.04.95
Arábia Saudita	10.06.96		----------	----------	01.03.93	01.03.93	01.03.93	01.03.93	22.03.89	07.03.90
Austrália	27.10.76		----------	----------	16.09.87	16.09.87	08.06.88	19.05.89	05.02.92	05.02.92
Brasil	04.11.75		----------	----------	16.03.90	16.03.90	16.03.90	16.03.90	01.10.92	01.10.92
Canadá	09.07.75		13.11.79	15.12.81	22.03.85	04.06.86	16.09.87	30.06.88	22.03.89	28.08.92
China	08.04.81		----------	----------	11.09.89	11.09.89	14.06.91	14.06.91	22.03.90	17.12.91
Comunidade Europeia	----------		14.11.79	15.07.82	22.03.85	17.10.88	16.09.87	16.12.88	22.03.89	07.02.94
Estados Unidos	01.07.75		13.11.79	30.11.81	22.03.85	27.08.86	06.09.87	21.04.88	22.03.90	----------
França	09.08.78		13.11.79	03.11.81	22.03.85	04.12.87	16.09.87	28.12.88	22.03.89	07.01.91
Índia	18.10.76		----------	----------	18.03.91	18.03.91	16.06.92	16.06.92	15.03.90	24.06.92
Irã	01.11.76		----------	----------	03.10.90	03.10.90	03.10.90	03.10.90	05.03.93	05.03.93
Japão	04.11.80		----------	----------	30.09.88	30.09.88	----------	----------	17.09.93	17.09.93
Paquistão	19.07.76		----------	----------	18.12.92	18.12.92	18.12.92	18.12.92	26.07.94	26.07.94
Reino Unido	31.10.76		13.11.79	15.07.82	20.05.85	15.05.87	16.09.87	16.12.88	06.10.89	07.02.94
Rússia	01.01.92		13.11.79	22.05.80	22.03.85	18.06.86	26.12.87	10.11.88	22.03.90	31.01.95

*Dados sobre ratificação não disponíveis.
Fonte: www.un.org/Depts/Treaty. Set/99.

ORGANIZAÇÃO: Alexandra Lopes
Wagner Costa Ribeiro

QUADRO 1

CONVENÇÕES INTERNACIONAIS SOBRE O AMBIENTE – PAÍSES SELECIONADOS

País	CB Adesão	CMC Ratificação	PK Adesão	CD Ratificação	Adesão	Ratificação	Adesão	Ratificação
África do Sul	04.06.93	02.06.95	15.06.93	29.08.97	----------	----------	09.01.95	30.09.97
Alemanha	12.06.92	21.12.93	12.06.92	09.12.93	29.04.98	----------	14.10.94	10.07.96
Arábia Saudita	----------	----------	28.12.94	28.12.94	----------	----------	25.06.97	25.06.97
Austrália	05.06.92	18.06.93	04.06.92	30.12.92	29.04.98	----------	14.10.94	----------
Brasil	05.06.92	28.02.94	04.06.92	28.02.94	29.04.98	----------	14.10.94	25.06.97
Canadá	11.06.92	04.02.92	12.06.92	04.12.92	29.04.98	----------	14.10.94	01.12.95
China	11.06.92	05.01.93	11.06.92	05.01.93	29.05.98	----------	14.10.94	18.02.97
Comunidade Europeia	13.06.92	21.12.93	13.06.92	21.12.93	29.04.98	----------	14.10.94	26.03.98
Estados Unidos	04.06.93	----------	12.06.92	15.10.92	12.11.98	----------	14.10.94	----------
França	13.06.92	01.07.94	13.06.92	25.03.94	29.04.98	----------	14.10.94	12.06.97
Índia	05.06.92	18.02.94	10.06.92	01.11.93	----------	----------	14.10.94	17.12.96
Irã	14.06.92	06.08.96	14.06.92	18.07.96	----------	----------	14.10.94	29.04.97
Japão	13.06.92	28.05.93	13.06.92	28.05.93	29.04.98	----------	14.10.94	11.09.98
Paquistão	05.06.92	26.07.94	13.06.92	01.07.94	----------	----------	15.10.94	24.02.97
Reino Unido	12.06.92	03.06.94	12.06.92	08.12.93	29.04.98	----------	14.10.94	18.10.96
Rússia	13.06.92	05.04.95	13.06.92	28.12.94	11.03.99	----------	----------	----------

*Dados sobre ratificação não disponíveis.
Fonte: www.un.org/Depts/Treaty. Set/99

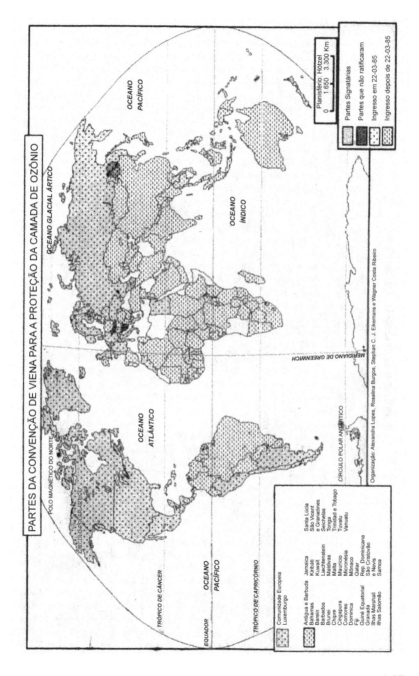

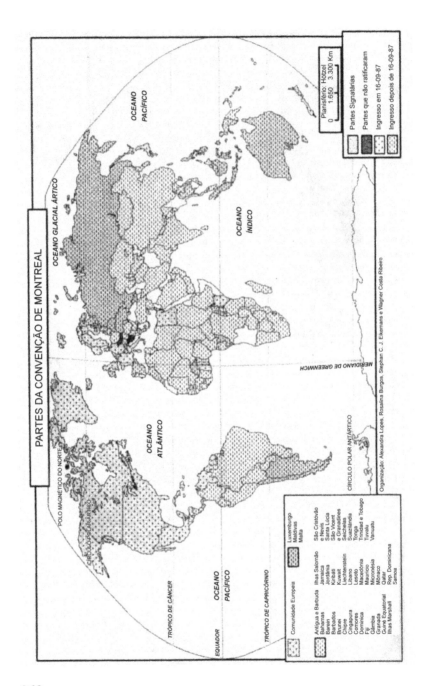

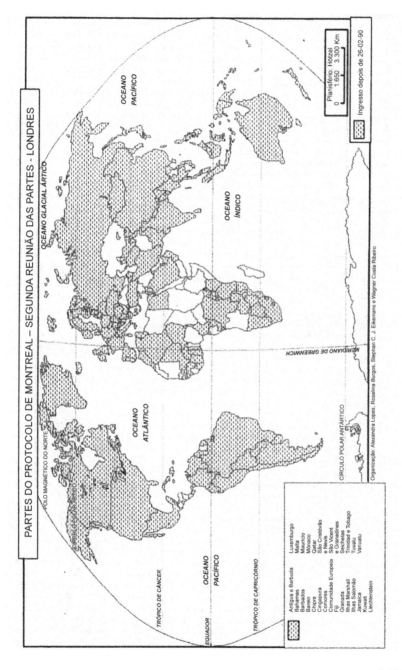

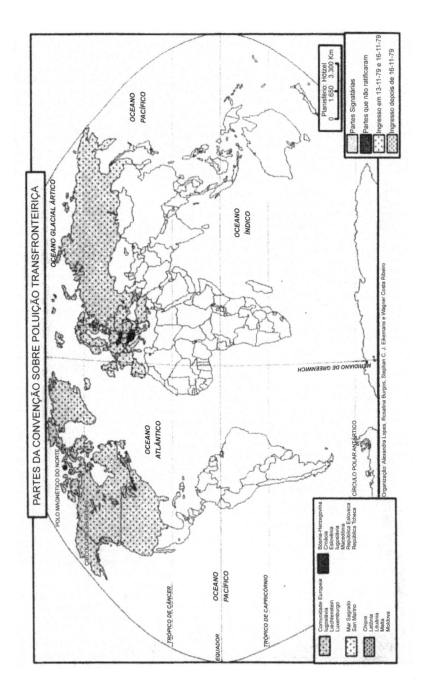

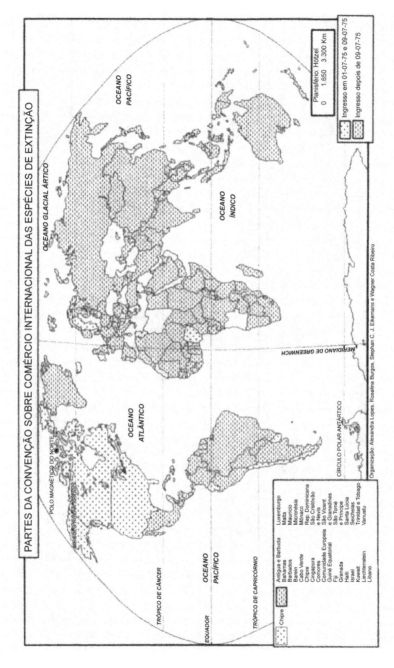

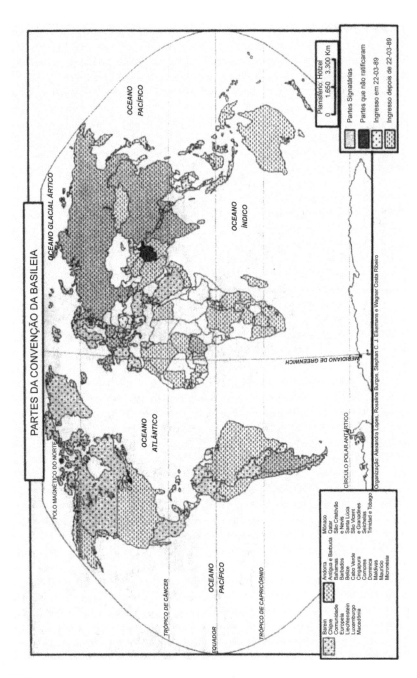

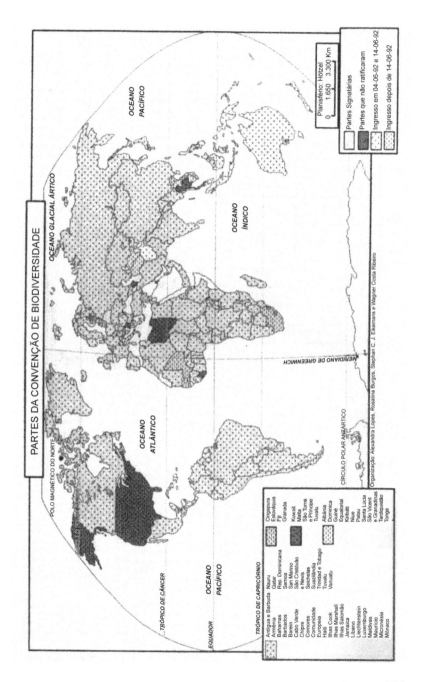

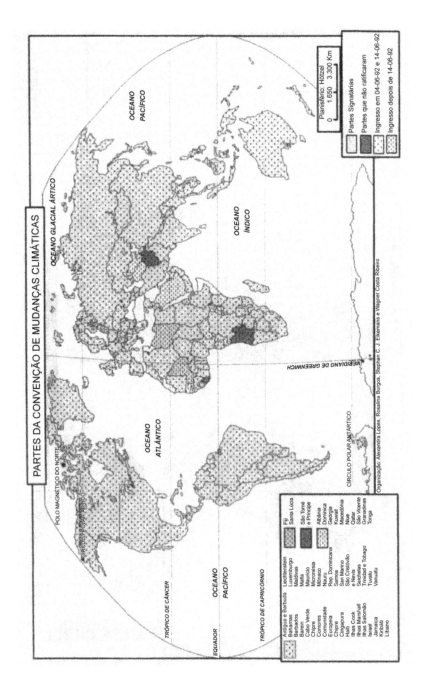

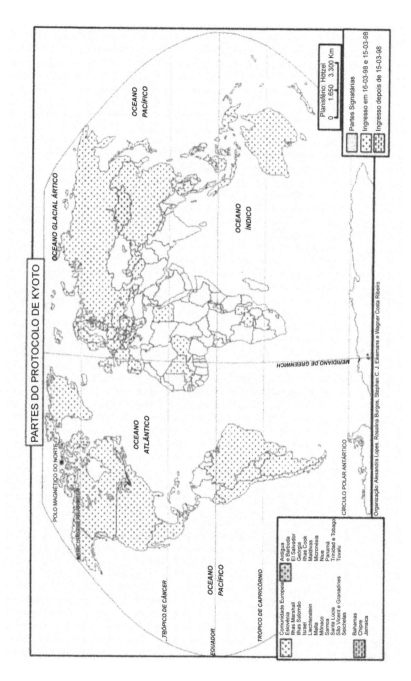

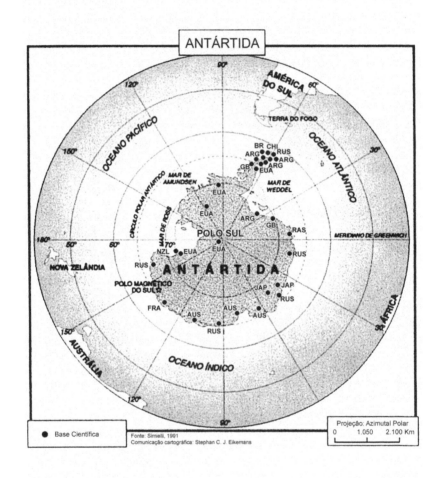

CADASTRE-SE
EM NOSSO SITE,
FIQUE POR DENTRO DAS NOVIDADES
E APROVEITE OS MELHORES DESCONTOS

LIVROS NAS ÁREAS DE:

História | Língua Portuguesa
Educação | Geografia | Comunicação
Relações Internacionais | Ciências Sociais
Formação de professor | Interesse geral

ou
editoracontexto.com.br/newscontexto

Siga a Contexto
nas Redes Sociais:
@editoracontexto